中国儿童文学大赏
美绘典藏版

爷爷的爷爷
从哪里来

贾兰坡 / 著

U0221974

天地出版社 | TIANDI PRESS

感受文学经典的**永恒魅力**

Classical Literature

　　中国儿童文学成为一个独立的文学门类始于"五四"时期，多以成人视角关注儿童生存境遇，直面中国社会问题与历史问题，有着鲜明的时代烙印。二十世纪五十年代以后，儿童文学发展进入到最重要的转型期，从早期的"把成人的悲哀显示给儿童"转向"以儿童为中心，贴近儿童的现实生活与精神生命"，这是中国儿童文学史上最具突破性的转折。一部优秀的儿童文学作品往往具有强大的教育感染力量，会对儿童的思想品德、情感审美、精神面貌等产生深远的影响。

　　基于此，我们精心挑选了当代中国具有代表性的优秀儿童文学作品，并配以精美生动的插图，力求让孩子们充分享受阅读的美好。在这里，你可以品味周锐童话幽默而不乏讽刺的语言魅力，欣赏张秋生宛如巴掌大小的童话小诗，畅游贾兰坡爷爷亲手创造的"人类起源"科学殿堂，还可以在沈石溪童话的字里行间感受到小动物之间的友爱、挚诚以及对生命的崇高敬畏……这些作品所表现和关注的正是新时期儿童的现实生活与精神面貌，希望这套丛书能帮助孩子们开阔视野、净化心灵、感受快乐，激励孩子们走向积极健康、丰富多彩的人生道路。

贾兰坡
1908—2001

贾兰坡是我国著名的古人类学家，在旧石器考古等科学领域，成绩卓著。其创作的多本学术经典巨著均享誉世界。而且，作者善于将科普知识以通俗生动的方式娓娓道来，不仅能让孩子们了解科学知识，还能培养他们对科学的兴趣。

语言幽默，蕴意深远，
以亲切有趣的语言传递科普知识，
带领孩子走入科学的殿堂。

贾兰坡，字郁生，曾用笔名周龙、蓝九公等，是中国著名旧石器考古学家、古人类学家、第四纪地质学家、中国科学院资深院士、美国国家科学院外籍院士、第三世界科学院院士。

贾兰坡于 1929 年毕业于北京汇文中学，1931 年成为中国地质调查所练习生。他早年一直致力于周口店遗址的发掘工作，并于 1936 年 11 月因发现三块"北京人"头盖骨而使世界震惊。

贾兰坡一生著有大量学术经典巨著及高级科普巨著，已出版的作品达四百多篇（部）。他尤其热衷于科普方面写作，希望通过科普吸引孩子对科学的兴趣，使各个学科后继有人。

在此，我们从贾兰坡的众多科普作品中，精选出《爷爷的爷爷从哪里来》一书，并选取总结其一生的《悠长的岁月》中的部分篇目，希望通过这些故事让孩子们感受到"人类起源学"的神奇和乐趣，学习考古学者们身上的优秀品质。

目 录
CONTENTS

悠长的岁月 外1篇

目 录
CONTENTS

爷爷的爷爷
从哪里来

从"神创论"到认识上的蒙昧时期

人很早就想知道自己是怎么来的。由于科学的落后，人们得不到正确的认识，就说人是用泥土造的，也就是"神创论"。"神创论"在世界上流传很广，东、西方都有这样的神话故事传播。

在中国广为流传的是盘古开天辟地和女娲抟土造人。古代人们认为世界上最初没有万物，后来出现了盘古氏，他用斧头劈开了天、地。天一天天加高，地一日日增厚，盘古氏也一天天跟着长大。万年之后，成了天高不可测、地厚不可量的世界，盘古氏也成了顶天立地的巨人，支撑着天与地。他死后化成了太阳、月亮、星星、山川、河流和草木。天地星辰、山川草木、虫鱼鸟兽出现了，只是世界上还没有人。这时女娲出现了，她取土和水，抟成泥，捏成人，从此世上就有了人。

在国外的神话中，也有相似的说法。埃及的传说中，人是由鹿面人身的神哈奴姆用泥土塑造成的，并与女神赫脱给了这些泥人生命。在希腊的神话中，普罗米修斯用泥土捏出了动物和人，又从天上偷来火种交给了人类，并教会了人类生存技能。

随着人类社会的不断发展，神话传说被宗教利用，成为宗教的经典，并撰成教义，更加在人们心目中广为流传。关于"上帝造人"，古犹太教《旧约全书》的创世记部分，说上帝花了6天时间创造了世界和人类：第一天创造了光，分了昼夜；第二天创造了空气，分了天地；第三天创造了陆地、海洋、各种植物；第四天创造了日月星辰，分管时令节气和岁月；第五天创造了水下和陆上的各种动物；第六天创造了男人和女人及五谷、牲畜；第七天上帝感到累了，休息了。在基督教《圣经》中的"创世说"中说耶和华上帝创造了天地之后，世界仍一片荒芜，于是他降甘露于大地，大地长出了草木。耶和华用泥捏了一个人，取名"亚当"，造了一个伊甸园，把亚当安置在里面。伊甸园中有各种花木，长着美味的果实。后来耶和华上帝感到亚当一个人很寂寞，在亚当熟睡之时，抽出他的一根肋骨造了一个女人，取名"夏娃"，上帝把各种飞禽走兽送到他们跟前。后来，夏娃偷吃了禁果。上帝把亚当、夏娃贬下尘世，随后发了一场洪水以惩罚世间的罪恶，并造了一条诺亚方舟，来拯救世间无辜的生灵。

不管是女娲抟土造人，还是上帝造人，这些神话传说都并非出于偶然，而是人们很想了解和知道自己是怎么来的。由于

不得其解才造出了"神创论"。

我小时候是在农村度过的。逮蝈蝈、掏蛐蛐、捉鸟、拍黄土盖房是我们那个时代儿童最普遍的游戏。每逢我玩后回家，母亲都要为我冲洗，有时一天两三遍。母亲边搓边唠叨："要不怎么说人是用土捏的呢！无论怎么搓，都能搓下泥来。"我6岁时到离我家不远的外祖母家读私塾，也常听老师和外祖母这样说。可见"人是泥捏的"的传说流传得多广、多深了。

何时出现的传说，不得而知，想来在有文字之前就已经开始了。而与"神创论"唱反调的还得说是中国的学者。远在2000多年前我国春秋时代的管仲在《管子·水地篇》上说："水者，何也？万物之本原也。诸生之宗室也。"意思是说：水是万物的根本，所有的生物都来自于水。他的这句话说出了生命的起源。

战国时代的伟大诗人屈原对自然现象、神话传说，在诗歌《天问》中，一口气提出了100多个问题。对女娲抟土造人也提出了质疑："女娲有体，孰制匠之？"意思是说，女娲既然也有身体，又是谁造的呢？

最使人惊奇的是，山东省微山县出土的东汉时期的"鱼、猿、人"的石刻画，原石横长1.86米，纵高0.85米（现藏于曲阜孔庙），作者不知是谁。在原石的左半部，从右向左并排着鱼、猿、人的刻像。这让人看了之后，很自然地会想到"从鱼到人"的进化过程。

18世纪的法国博物学家乔治·比丰虽然也曾指出，生命首先诞生于海洋，以后才发展到了陆地——生物在环境条件的影响下会发生变化，器官在不同的使用程度上也会发生变化的科学论证。但是并没有指出从鱼到人的演化关系。

指出从鱼到人的演化关系并发表名著的是美国古脊椎动物学家威廉·格雷戈里。1929年他发表的《从鱼到人》，把人的面貌和构造与猿、猴的哺乳类、爬行类、两栖类相比较，把我们的面形一直追溯到鱼类。在当时，由于获得的材料有限，在演化过程中缺少的环节太多，有人嫌他的说法不充分，甚至指责他的某些看法是错误的。把从鱼演化到人的一枝一节都串联起来，谈何容易，你知道演化经过了多少时间吗？鱼类的出现，从地质时代的泥盆纪起，到现在已有3.7亿年了，这是多么漫长的时代啊！

能够说明演化资料的来源，并非是虚构的，而是来自于地下。地层内就是一部巨大的"书"，它包罗万象。有许多许多东西是由地下取得的，就拿脊椎动物化石来说吧，其实也就是老百姓经常说的"龙骨"。它们绝大多数是哺乳动物的骨骼，由于在地下埋藏的时间较长，得以钙化。但是要成为化石，还要有一定的条件。首先，包括人在内的动物死亡后，能尽快地被埋藏起来，使其不暴露。然后，经过风吹雨淋，多年之后即可成为化石——我们所要研究的材料。

虽然许多人将脊椎动物的骨骼叫作"龙骨"，但从来也没人见过想像中的"龙"。我跑过除西藏之外的很多省份也找不到"龙"的蛛丝马迹。所谓的"恐龙"，原意为巨大的爬行动物蜥蜴之类，原是日本学者用的译名，我们也就随之使用了。

除了要了解化石的形成条件，还要能发现它们，直到把它们一点一点地发掘出来，也不是一件很容易的事，其中有很高的技术含量。从发掘到修理，使之完整地再现于人们的眼前，再加上翻制模型，都必须有很高超的技术。

二

"人类起源"科学来之不易

"人类起源",也有人称为"从猿到人",或"人之由来",等等。其实都是一个意思:人类是怎样一步一步演化成今天这个样子的。

有关人类起源的知识得来很不容易。许多真正的学者对这门学科的研究从不松懈,也不怕被别人谩骂和非议,一代接一代不屈不挠地进行着。直到目前,仍有许许多多的问题需要由后来人接着搞下去。但是再没有什么人反对人是从猿演化而来的了,这是最大的胜利。下面我先谈谈这门学科的历史,你就可以知道它来之不易了。人类起源的研究历史,是很晚的事,至今不到200年。

在欧洲中世纪,宗教和神学思想统治了很长的时间,许多科学的观点被扼杀。直到文艺复兴运动的兴起,人们的思想、感情得到了大解放,出现了一大批思想家、文学家和科学家,完成了很多的科学发现。在人类起源问题上,1859年,英国生物学家查尔斯·达尔文发表了《物种起源》一书,提出了生物进化理论。在达尔文的启示下，英国博物学家托马斯·赫胥黎在1863年发表了《人类在自然界中的地位》，提出了"人猿同祖论"。1871年，达尔文又发表了《人类的由来及性选择》，论证了人类也是进化的产物，是通过能增强其生存和繁殖的变异，并遗传给下一代的自然选择从古猿进化而来的。这是世界科学史上划时代的贡献。尽管如此，在那个时代由于证据不足，因此使当时所有进化论者感到很苦恼。因为他们不能用真凭实证来说服人。但他们的论点为寻找人类起源的证物——人类化石，指明了方向。

1806年，丹麦的一个委员会决定在他们国内进行历史、自然史和地质学的研究。首先遇到的是丹麦没有历史记载的"巨石文化"（古代坟墓的标志）、贝丘（古代人在海边采集贝肉为食，堆在一起的贝壳，内中搀有文化遗物）中的许多石器制品。认为传说中的故事对真正的历史事实的帮助是无能为力的。但在工作期间，史前（有记载以前的历史）的工具的发现越来越多，因而一个新的委员会要求对这些材料进行仔细研究。1816年—1865年，汤姆森在哥本哈根任丹麦皇家古物博物馆（即今天的自然博物馆）馆长，又进一步安排、策划、组织人力，对发现物进行分类研究，并根据文化性质编年，建立了石器时代、青铜器时代和铁器时代的顺序。这一工作，虽然由于材料的限制，在当时的情况下，研究的成果不可能达到确凿无误，但是他们所做的科学项目和内容，也可以说是研究人类起源的开端。

1856年8月间，在德国杜塞尔多夫以东霍克多尔附近的尼安德特山谷发现了具有原始性质的人类化石。那里是石灰岩地区，工人们采石烧灰，在石灰窑地区内有个山洞，工人们在洞尚未被破坏前见到了一副骨架，附近既无石制的工具，也没有其他哺乳动物的骨骼化石。石灰窑的负责人虽然不是内行，但对这具不完全的骨架非常奇怪，特别是保留下来的头盖骨，既不像人的，也不像其他动物的，因而骨架得以保存下来，交给了当地的一名医生。这名医生也不能肯定是人类的骨架，又将骨架送到波恩大学，请教授沙夫豪森鉴定。沙夫豪森认为这副骨架骨骼粗大，头骨前额低平，眉嵴粗壮，是欧洲早期居民中最古老的人。赫胥黎见到头骨模型后，也认为是最像猿的人类头骨。后来这具骨架被辗转到爱尔兰高韦皇后学院的地质学教授威廉·金手中，经他研究，认为在尼安德特山谷发现的这具骨架化石是已经绝种的古代人类遗骸，并于1864年按动植物的国际命名法为它命了个拉丁语化的名称，叫"Homo neander-thalensis"，我国译为"尼安德特人"。这是双名法命名。后来种类越分越细，改为三名法命名，后面的字是形容词。整整过了100年，坎贝尔才又给改了一个三名法的命名，叫"Homo sapiens neanderthalensis"。一般仍叫"尼安德特人"，简称

"尼人"。

尼安德特人化石的发现，引起了很大的争议，很多人持怀疑和反对的态度，这是因为当时没有更多的证据。1886年，比利时的斯庇也发现了尼人的骨骼化石及其他哺乳动物化石，这次发现的头骨和尼安德特山谷发现的头骨特征相同，有关尼人的争议才渐渐平息。同时达尔文的进化论也渐渐被人所接受。

尼人是介于直立人与现代人之间的人类，被称为"早期智人"，年代约为10万年前—3.5万年前。之后又发现了比尼人进步的晚期智人——克罗马农人，年代约为3.5万年前—1万年前。尽管在19世纪中叶有大量的古人类化石被发现，达尔文的进化论日渐深入人心，但人们仍不能接受"人猿同祖"和"从猿到人"的进化观念。这是因为没有找到从猿过渡到直立人这个阶段的化石，有些学者以证据不足来对抗进化论。

正当欧洲关于人类起源的争议非常激烈的时候，尤金·杜布瓦在荷兰降生了，那年是1858年。杜布瓦长大后进了医学院，毕业以后当了师范学校的讲师。他对人类起源的问题着了迷。29岁时，杜布瓦开始着手解决人类起源问题。他把想法告诉了一些同事和朋友，遭到同事和朋友的反对，有人还说他得了精神病。但杜布瓦没有气馁，经过努力，他作为一名随队军医被派往当时由荷兰统治的苏门答腊（现属印度尼西亚），想在那里寻找更原始的古人类化石。功夫不负有心人，1890年他在中爪哇的克布鲁布斯发现了一件下颌骨残片；1891年又在特里尼尔附近发现了一个头盖骨；1892年在发现头盖骨附近发现了一个大腿骨。杜布瓦十分高兴，在给欧洲友人的电报中，他称这是"达尔文的缺环"。

正当杜布瓦还在高兴之时，他还没来得及把化石向同行们展示，就成了争论的焦点，有人嘲笑他，有人谩骂他，而教会更是不容忍他。在各方面的围攻之下，杜布瓦把这些珍贵的人类化石锁在了家乡博物馆的保险柜里，一锁就是28年。

杜布瓦发现了人类化石后，曾于1892年给它取了拉丁语化的名字"直立人猿"（Anthropithecus erectus），1894年改为"直立猿人"。由于受到教会和各方面的指责和压力，不得已，他承认了他发现的是一种猿类化石。尽管杜布瓦又提出了与自己相反的意见，但这种相反的论点并未得到后来人的承认。本世纪30年代，荷兰籍德国古人类学家孔尼华在爪哇（现属印度尼西亚）又有了新的发现。曾经研究过"北京人"化石的魏敦瑞看过在爪哇的发现后，对于杜布瓦发现的人类化石，为了命名的统一，1940年把它改为"爪哇直立人"。1964年坎贝尔又把命名改为"Homo erectus crectus"，译为"能直立的直立人"，一般译作"标准直立人"。

对于杜布瓦发现的古人类化石，现在我们已经搞清了，是属于更新世早期，距今80万—90万年前的直立人，的的确确是人类演化中的重要一环。杜布瓦把他的发现锁了28年之后，在美国纽约自然历史博物馆馆长亨利·奥斯朋的呼吁下，1923年他打开了保险柜，在一些科学讨论会上展示了他的发现。

顺便说一下，亨利·奥斯朋在当时是最著名的古人类学家、古脊椎动物学家和石器时代考古学家。生前出版了大量著作。我在1931年参加周口店"北京人"遗址发掘工作的时候，还是个什么都不懂的小青年。除了有导师和学长的帮助外，最早读的一本书就是1885年英国伦敦麦克米兰公司出版的，亨利·福罗尔著的《哺乳动物骨骼入门》，从中学到了不少关于哺乳动物骨骼的知识。第二本就是奥斯朋著的，由纽约查尔斯·斯克里布之子书店1925年出版的《旧石器时代人类》。这使我对古人类，不论是欧洲的发现，还是欧洲之外的发现都有了了解；对古人类所使用过的石器也有了进一步的认识。这两本书现在看来，已有些陈旧，但我仍然把它们好好地保存着，因为是它们把我引入到这门学科的大门，在以后的工作实践中使我越来越对这门学科感兴趣，以至于能取得今天的成绩，在这门学科中"长大成人"。当然我更不能忘记师长和同仁对我的帮助和支持。

杜布瓦的发现是人还是猿，当时争议很大，因为没有人能够提供更加令人信服的证据，人们仍然有很多疑惑。20世纪初，学者们把眼光转向了中国。

三

北京人头盖骨

1915年，美国学者马修出版了《气候与进化》一书，书中马修提出了亚洲是人类的发祥地。奥斯朋也认为人类起源地在中亚地区。这种观点还是由一位在北京行医的德国医生哈贝尔引起的。1903年，他把从北京中药店里买到的"龙骨"，即一批动物化石带到德国，交给德国古生物学家施罗塞研究，施罗塞认为其中有一颗像人的牙齿，但不敢确定，而说是类人猿的。因此，他非常鼓励古生物学家到中国来考察。当时中国的一批学者像章鸿钊、丁文江、翁文灏等人创办了中国地质调查所，丁文江任所长。他们认为地质调查所的任务不应仅限于矿产调查，更应该进行古生物方面的调查和研究。他们聘请美国古生物学家葛利普1920年来华担任中央地质调查所古生物研究室主任兼北京大学古生物学教授，为中国培养古生物学的人才。瑞典地质学家、考古学家安特生也接受了中国政府的聘请，在1914年至1924年来华担任农商部矿政顾问，此时的地质调查所也归入了农商部。安特生除担任矿政顾问外，还从事中国新生代地质和化石材料的调查和研究。值得一提的是，1919年北京协和医学院聘请了加拿大医生步达生来华担任解剖科主任。他受马修的影响，也对在中国寻找古人类化石极为关注。各方面的因素促成了在北京房山周口店发现北京人，使中国的古人类学、旧石器考古学和古脊椎动物学有了突飞猛进的发展。

1918年，安特生在周口店调查地质情况时，首先在周口店之南约2000米处发现了很多鼠类化石。因为石灰窑工人在这个地方采石时发现了很多像鸡骨一样的动物骨骼化石，因此，把这个地方称为"鸡骨山"。

1921年安特生同奥地利古生物学家师丹斯基又到鸡骨山采集化石。经当地工人指点，在鸡骨山以北2000米处，找到了更大的化石地点，名叫"龙骨山"，也就是北京人遗址。在这个地点，他们发现了许多大型的脊椎动物化石，其中使他们最感兴趣的是他们从未见过的肿骨鹿的头骨和下颌骨等骨骼化石。因为在含化石的地层中有外来的岩石，安特生预感到远古的人类很可能在这里居住过。

1926年的夏天，师丹斯基在瑞典乌普萨拉大学的威曼实验室里，整理从周口店采集的化石时，发现了两颗人类的牙齿。他认为是属于人的，就把这个发现公布了。北京协和医学院解剖科主任步达生看了之后也认为是人的，从而对周口店极感兴趣和关注，开始与农商部地质调查所所长丁文江和翁文灏经常联系，准备发掘周口店地点。最初商谈是中国地质调查所与北京协和医学院解剖科共同成立"人类生物学研究所"，由步达生与美国洛克菲勒基金会联系资助，后来丁文江、翁文灏建议把"人类生物学研究所"改为"新生代研究室"，作为中国地质调查所的分支机构。1927年2月，双方通过通信方式签订了"中国地质调查所和北京协和医学院关于研究第三纪和第四纪堆积物协议书"。协议书共有四款，大约是从1928年开始由洛克菲勒基金会资助22000美元，作为到1929年12月31日为止两年的研究专款。中国地质调查所拨款4000元补贴这一时期费用；步达生在双方指定的其他专家协助下负责野外工作，2—3名受聘并隶属中国地质调查所的古生物专家负责与本项目有关的古生物研究工作；一切标本归中国地质调查所所有，在人类材料不能运出中国的前提下，由北京协和医学院保管，以供研究之用；一切研究成果均在《中国古生物志》或中国地质调查所其他刊物以及中国地质学会的出版物上发表。新生代研究室1929年才正式成立，成员有名誉主任：丁文江、步达生；顾问：德日进；副主任：杨钟健；周口店野外工作负责人：裴文中。

丁文江也特别关心周口店的发现。由于在周口店发现了人牙化石，他于1926年4月20日在北京崇文门内德国饭店为安特生的荣誉和发现以及送别举行了一次宴会。他请的客人有：斯文·赫定、巴尔博、德日进、安特生、翁文灏、葛兰阶、葛利普、金叔初和李四光等中外地质学学者。菜单也是特制的，上边还印上了一个形似猿人，被称为"北京夫人"（Dame Pékinoise）的头像，所有的客人都在菜单上签了名。

周口店的发掘实际上在1927年就开始了。当年地质调查所派地质学家李捷为地质师兼事务主任，瑞典古生物学家步林负责化石的采集和发掘工作，当时步达生估计整个周口店的发掘工作能在两个月内完成。发掘之后才发现这个地点范围之大，埋藏之丰富，问题之复杂，大大超过了原来的设想。那一年发掘土方近3000立方米，发掘深度近20米，获得化石材料近500箱。在工作结束的前3天，步林还在师丹斯基找到第一颗人牙化石的不远处，又找到了1颗人牙化石。

步达生对这颗人牙化石进行了仔细研究，发现它是一个成年人的左下第一臼齿，与师丹斯基发现的很相似。为此步达生给它命名为"北京中国人"（Sinanthropus pekinensis），后来我国古脊椎动物学家杨钟健怕中国人看了后不容易理解，在"中国"两字之后加了个"猿"字，所以简称为"中国猿人"。后来葛利普给起了一个爱称叫"北京人"。魏敦瑞为研究北京人化石花费了很大心血，完成了几部巨著。随着古人类学的不断发展，猿人的名称被"直立人"所取代。1940年才改成"北京直立人"（Homo erectus pekinensis），简称"北京人"。

1928年第一季度过后，周口店的发掘又开始了。这一年李捷离开了周口店，由在慕尼黑大学、师从施洛塞攻读古脊椎动物学并获得博士学位的杨钟健接替。杨钟健回国前曾去过瑞典乌普萨拉大学研究过周口店的化石，对这项工作很熟悉，而且他还任中国地质调查所的技师。主持周口店发掘和日常事务工作的是刚刚从北京大学地质系毕业的、年方24岁的裴文中。这一年发掘的堆积物达2800立方米，获得化石500多箱。最令人欣喜的是发现了两件下颌骨：一件是女性的右下颌骨，另一件也是成人的右下颌骨，上边还有3颗完整的牙齿。下颌骨是人类化石中比较珍贵的材料，这使步达生感到非常兴奋，又向美国洛克菲勒基金会争取到了4000美元的追加拨款。

经过两年的正式发掘，大家都感到周口店龙骨山有特别丰富的堆积。要想把它们都挖掘出来，短时期内不可能完成，而且要弄清龙骨山的地质学上的一些问题，还必须全面地了解周口店附近地区以及更广地区的地质状况。出于这些原因，加速了"新生代研究室"的建立。"新生代研究室"将以更加广泛的综合研究计划来替代将要期满的周口店发掘计划。丁文江、翁文灏、步达生制定了方案、工作进度、资金预算，所需费用都由洛克菲勒基金会提供。1929年4月，中国农矿部正式批准了"新生代研究室"的组织章程，"新生代研究室"正式挂牌了。

1929年步林加入了西北考察团离开了周口店，杨钟健同德日进到山西、陕西一带进行地质旅行调查，周口店的发掘工作由裴文中主持。裴文中接着上一年往下挖，去掉非常坚硬的第五层的钙板，到第六层时化石明显增多，第七层更是如此，一天之中就能挖到100多个肿骨鹿的下颌骨，而且化石都很完整。在第八、九层找到了几颗人牙，其中有1颗是齿根很长、齿冠很尖的犬齿，以前没有见到过，这使裴文中干劲倍增。秋季的发掘从9月底开始，越往下挖洞穴越窄，裴文中以为到了洞底。突然在北裂隙与主洞相交处向南又伸展出一个小洞。为了探明虚实，裴文中身上拴着绳子亲自下洞去，洞中的化石十分丰富，这使大家又来了精神。这时已到了11月底，冬天已经降临，还经常下着小雪，天气很冷。本来野外工作可以结束了，但见到有这么多的化石，裴文中临时决定再多挖几天。

1929年12月2日下午4时，太阳落山了，大家仍在不停地挖着。在离地面十来米深的小洞里更是什么也看不清，只好点燃蜡烛继续挖掘。洞内很小，只能容纳几个人，挖出的渣土还要一筐一筐从洞中往上运。突然一个工人说见到了一个圆东西，裴文中马上下去查看，"是人头骨！"裴文中兴奋地大叫起来。大家见到了朝思暮想的东西，此刻的心情真是难以形容。是马上挖，还是等到第二天早上？裴文中觉得等到第二天

时间太长了，便决定当夜把它挖出来。化石一半在松土中，一半在硬土中。裴文中先将化石周围的孔挖空，再用撬棍轻轻将它撬下来，由于头骨受到震动，有点破碎，但并不影响后来的粘接。取到地面上，为了怕它再破碎，裴文中脱掉外衣，把它包了起来，轻轻地、一步一步地把它捧回住地。附近的老百姓跑来看热闹，见到裴文中这么小心地捧着它，一再问工人："挖到了啥？"工人高兴地答道："是宝贝。"回到住地，裴文中连夜用火盆将它烘干，包上绵纸，糊上石膏，再用火烘，最后裹上毯子一点一点捆扎好。第二天他派人给翁文灏专程送了信，又给步达生打了电报："顷得一头骨，极完整，颇似人。"步达生接到电报，欣喜之际还有点半信半疑。12月6日裴文中亲自护送，把头骨交到了步达生手中。步达生立即动手修理，当头盖骨露出了真实面目后，步达生高兴得到了发狂的地步。他说这是"周口店发掘工作的辉煌顶峰"。

12月28日，中国地质学会隆重召开特别会议，庆贺周口店发掘工作的突破性的胜利，庆祝发现了中国猿人第一个头盖骨。会议由翁文灏主持，裴文中、步达生、杨钟健、德日进分别就发现头盖骨化石的经过以及有关中国猿人头盖骨及地质学研究等问题作了专题报告。与会的有科学界、新闻界等各方面的人士。在中国发现了猿人头盖骨的消息，通过媒体迅速传遍了中国，传遍了世界，它震动了整个世界学术界。贺电、贺信从四面八方飞向当时的北平，这其中就有美国古生物学界泰斗奥斯朋的贺电。在那时刻，中国猿人头盖骨的发现成了北平街谈巷议的新闻。

我是1931年春考进中国地质调查所的，被分配到新生代研究室当练习生。同时进调查所新生代研究室的还有刚从燕京大学毕业的卞美年。同年我们就被派往周口店协助裴文中搞发掘工作。在研究部门里，练习生虽属"先生"行列，但地位是最低的小伙计，买发掘用品，给工人发放工资，登记发掘记录，修理化石，装运化石，陪访问学者到各处查看地质，替他们背标本……总之什么活都得干，但我不觉得苦。只要有点时间我还和工人们一起去挖掘，对挖出来的动物化石，不懂就向工人请教，很快我就喜欢上了发掘工作。而裴文中看到我不懂的地方就耐心赐教，从不拿架子。卞美年一有闲暇，就带着我在龙骨山周围察看地质，不但给我讲解地质构造和地层，还教我如何绘制剖面图，我一直把他看作是我的启蒙老师。从他们那里我学到了很多东西。他们还不时地给我一些有关的书看，当时古人类学和古脊椎动物学刚在中国兴起，国内还没有专门的教科书，书全是英文的，看不懂就向他俩请教，我进步得很快，也越来越爱上这门学科了。

1934年，患有先天性心脏病的步达生，因过度疲劳，在办公室内去世。1935年，裴文中到法国去留学。领导推举我主持周口店的发掘工作，那时我刚刚晋升为技佐（相当于助理研究员）。

就在这一年，美籍德国犹太人、世界著名的古人类学家魏敦瑞来华接替步达生的工作。来华之前，他就认为周口店发现了头盖骨、下颌骨和许多牙齿，但人体的骨骼很少是由于发掘的人不认识的缘故。他来华之后没几天，就到周口店检查工作，之后又接二连三地到周口店勘察地层，并仔细观察工人们挖掘化石的工作，又考了考我关于食肉类动物的腕骨与人的腕骨有什么不同，我详细地作了解答，他很满意。最后他对周口店的工作信服地说："这么细致的工作，不会丢掉重要东西，是可靠的。""这样的方法据我所知，在世界上也是最好的。"

1936年周口店的发掘任务仍是寻找古人类化石。魏敦瑞来北京一年多了，除了一些人牙外，没见到其他重要的材料，心急如焚。其实我心中更是急得冒火，更使我们担忧的是，美国洛克菲勒基金会只同意再给6个月的经费，如果6个月后仍无新发现，洛克菲勒基金会可能会断绝对周口店的资助，新生代研究室也会散摊。此时，日本的侵华战争正在一步步向华北推进，中国地质调查所也随国民党政府南迁。已担任北平分所所长的杨钟健也为此事担心，三天两头地往周口店跑。他看到大家仍在兢兢业业、勤勤恳恳地工作，才放心了。

天无绝人之路。正当我们为找不到古人类化石而一筹莫展的时候，工作突然出现转机。这一年的10月22日上午10点左右，当我们发掘到第八、九层时，我突然看到两块石头中间，有1个人的下颌骨露了出来，我当时的高兴劲就别提了。我马上趴在现场，小心翼翼地把它挖了出来。下颌骨已经碎成几块，我们把化石拿回办公室修理、烘干、粘好，第二天送到魏敦瑞手中。他也高兴起来，很长时间愁苦的脸上有了笑容。

下颌骨的发现，给大家带来了很大的鼓舞。11月15日，由于头一天夜间下了场小雪，上午9点才开始工作。干活不久，技工张海泉在临北洞壁由他负责的方格内挖到了一块核桃大小的骨片。我离他很近，问是什么东西，他说："韭菜（碎骨片的意思）。"我拿起一看，不由大吃一惊："这是人头骨！"我们马上把现场用绳子围了起来，只许我和几个技工在圈内挖掘，其余人一概不许进入。我们挖得非常仔细，连豆粒大的碎骨也不让遗落。在这半米多的堆积内，发现了很多头盖骨碎片。慢慢地，耳骨、眉骨也露了出来。这是个被砸碎的头盖骨，直到中午才把所有碎头盖骨全都挖了出来。接着又是清理、烘干、修复，把碎片一点一点对粘起来。

下颌骨的发现，有人断言"新生代研究室要时来运转了"。我们高兴的心情还没平静下来，下午4点15分时，在距上午头盖骨的发现处的下方约半米处，又发现了另一个头盖骨。与上午那个相仿，均裂成了碎片。由于天色已晚，我派6个人守护现场，同时拍电报给北平当局。杨钟健没在家，去了陕西老家。他的夫人听到信息，四处打电话找到了卞美年。卞美年第二天早晨急急忙忙地跑去找魏敦瑞，魏敦瑞还没起床，听到消息后，从床上跳了下来，连裤子都穿反了。他火烧眉毛似的带着夫人、女儿同卞美年一起，由他的朋友开着汽车赶到了周口店。当我们从柜子里拿出粘好的第一个发现的头盖骨时，魏敦瑞太激动了，手不住地发抖。他不敢用手拿，叫我们把它放在桌上，左看右看，看了个够。午后他又到第二个头盖骨的现场察看发掘情况，由于怕挖坏，挖掘的速度很慢。魏敦瑞只好带着第一个头盖骨返回了北平。第二个头盖骨的所有碎片直到日落西山才搜索完毕。17日我带着第二个头盖骨返回北平，把它交给了魏敦瑞。

真可谓"柳暗花明又一村"。11月25日夜下了一场小雪，26日上午9时，在发现下颌骨的地点之南3米、之下约1米的角砾岩中又找到了1个头盖骨。这个头盖骨比前两个都完整，连神经大孔的后缘部分和鼻骨上部及眼孔外部都有，完整程度是前所未有的。当我再次把它交给魏敦瑞时，他竟"啊"了一声，两眼瞪着，发了很长一会儿呆，才缓了过来。

11天之内连续发现了3个头盖骨、1个下颌骨和3颗牙齿的消息，再一次震动了世界学术界，全国和全世界各地报纸纷纷登载这一消息。12月19日在中国地质学会北平分会上，邀请魏敦瑞和我作了报告。魏敦瑞说："现在我们非常荣幸，因为中国猿人在最近又有新的发现：10月下旬发现猿人下颌骨1面，并有5颗牙齿保存；11月15日一天内，又发现猿人头盖骨两具及牙齿18颗；26日更发现1个极完整之头盖骨。对于这次伟大之收获，我们不能不归功于贾兰坡君。"

　　以上说的只是北京人化石产地的发现。早在1934年我们也曾在北京人遗址附近的山顶洞发现了山顶洞人共7个个体，同时还发现了大量的装饰品。山顶洞人的头骨与现代人的头骨相比，没有什么明显的差异，是属于距今1.8万年左右的晚期智人化石。

四

北京人头盖骨丢失之谜

有关北京人化石丢失之谜，很多的报纸杂志都有过报道，本来与这本小书没有什么关系，可是这件事已经过去半个多世纪了，仍经常有人问起。这说明很多人对丢失北京人化石这件事情始终不能忘怀。1998年，我与其他13名中国科学院院士一起签名呼吁"让我们继续寻找'北京人'"，北京电视台、中国科学院等单位还共同发起了"世纪末的寻找"活动。所以就此机会，我还想占点篇幅再向读者简单叙说一下丢失的情况。

1937年七七事变，日本帝国主义全面侵华战争开始了，不久北平就被日军占领了。由于日美还没有开战，北平协和医学院仍在照常工作。当时所有在周口店发现的北京人化石、山顶洞人化石以及一些灵长类化石，其中还有1个非常完整的猕猴头骨，都保存在协和医学院B楼解剖科的保险柜里。因为步达生和后来接替他的魏敦瑞都在那里办公。

1941年，日美关系越来越紧张，许多美国人及侨民纷纷离开中国。魏敦瑞也决定离开中国去美国纽约自然历史博物馆继续研究北京人化石。他走前曾嘱咐他的助手胡承志把所有的北京人化石的模型做好，先做新的，后做旧的，时间紧，越早动手越好。还特别叮嘱他说，在适当的时候，把所有的化石装箱，准备运往安全的地方保管。

大约在珍珠港事件前3个星期，魏敦瑞的女秘书希施伯格通知胡承志把化石装箱。胡承志在征得裴文中的同意后，找到解剖科技术员吉延卿开始装箱。

装箱时非常仔细，先把化石用绵纸包好，再用卫生棉和纱布裹上，外边再包一层白软纸放入小木盒内，盒内也垫上卫生棉，然后分门别类装入两只没刷过漆的大木箱内，木箱与木盒、木盒与木盒之间还垫上了瓦楞纸。两只木箱一大一小，装好后，只在木箱上分别注上Case1和Case2的标记，随后送到协和医学院总务处长、美国人博文的办公室，后来箱子又由博文转运到了F楼4号保险库内。自此，北京人化石、山顶洞人化石及一些灵长类化石，其中还有1个极完整的猕猴头骨等全部没有了下落。

据说，珍珠港事件前，原打算把这两箱化石交给美国驻华大使詹森，托他找人带到美国交给当时中国驻美大使胡适保管，待战后再运回中国。美国大使詹森不敢接收，因为中美双方在成立"新生代研究室"时有协议："不能把所发现的人类化石运往国外。"后来还是当了国民党政府经济部长

（1948年任行政院长）的翁文灏写了委托书，詹森才同意接收。装有化石的箱子被送往美国海军陆战队，又由美国海军陆战队运往秦皇岛，准备搭乘美国到秦皇岛接送海军陆战队和侨民的哈里森总统号轮船，前往美国。但哈里森总统号轮船在从马尼拉开往秦皇岛途中，正赶上太平洋战争爆发，这艘船被日本击沉于长江口外，所以化石根本没有上船，负责携带这批化石的美国军医弗利在秦皇岛被日本军俘虏，从此这批世界文化瑰宝就失踪了。

日军占领了协和医学院后，日本就派了东京帝国大学人类学家长谷部言人和高井冬两位助教来协和医学院寻找北京人化石。当他们打开B楼解剖科的保险柜，看到里面装的全是化石模型，才知道北京人化石被转移了。日本宪兵队到处搜寻，很多人都受到了连累。协和医学院总务处长博文，甚至连推车送化石到F楼4号保险库的工人常文学都被捉进宪兵队进行审讯。解剖科的马文昭教授可算是"二进宫"，一次是为北京人化石，一次是为孙中山先生的内脏。其实这两件事都与他无关。裴文中在家中也受到讯问，并暂时没收了他的居住证。在那个时期，没有居住证是不能离开北平的，连上街行走都会遇到麻烦。

北京人化石丢失后，当时各大报纸都纷纷报道这一消息，再一次震惊世界学术界。尽管日本天皇知道这一消息后，命令日军总司令部负责追查化石的下落，日本军部又派了一名特务，专门到北平、天津、秦皇岛调查此事，但均无结果。从此传说纷纭，谣言四起。

日本投降后，中国国民党政府派代表团寻找被日本侵略者掠去的文物，其中没有北京人化石的标本。1946年5月24日，中国代表团的负责人、中央研究院院士、考古学家李济在给裴文中的信中说："弟在东京找'北京人'前后约5次，结果还是没找到。但帝大所存之周口店石器与骨器已交出，由总部保管。弟离东京时，已将索取手续办理完毕。"1949年4月30日，中国政府代表团团长朱世明向盟军总部递交了一份备忘录，附有一份详细的丢失化石的清单，请盟军对这批重要的科学标本协助进一步查询，仍是没有任何结果。

北京人化石的丢失，牵动着各界人士的心，好多人都自愿出钱出力，搜寻各种线索帮助寻找。但是绝大多数的线索没有任何价值。

1980年3月，我从瑞士驻华大使席望南处获悉，他认识当年准备携带北京人化石回美国的威廉·弗利博士。他非常愿意给弗利去信，就北京人化石丢失这件事叫弗利和我通信联系。弗利在给席望南大使的复信中说："请告诉贾兰坡教授，我对于寻找失落已久的标本仍然抱有希望。请他直接和我联系。"我很激动，因为珍珠港事件爆发后，弗利在天津就成了日本人的俘虏。日本人后来一再声称他们并没把北京人化石弄到手，所以弗利就成了最后一个接触这批化石和掌握它们下落线索的关键人物。而多少年来，很多人想方设法来套取弗利有关这方面的"口供"，他对一些关键性的细节始终都守口如瓶。于是，我给弗利写了第一封信，表示愿意更多地了解有关北京人化石下落的情况。

　　1980年6月15日，我接到了弗利5月27日从纽约的来信："你那令人激动的来信收到了。通过我们共同的朋友瑞士大使席望南的介绍，最后处理标本的科学家终于在多年之后和一位曾经受委托安全运送标本的官员相识了。多年来，我一直希望有那么一天，我的目的之一，就是要在我有生之年看到北京人化石安全归回北京协和医学院。""我确信它们没有被遗弃，而是被安全细心地保护着以待适当的时候重见天日。"

　　见了这封信，大家都很激动。瑞士大使对此事非常热心，拟请弗利秋季来华，并为他办理来华的一切手续。无奈因我9月份要出访日本。请弗利改期。而弗利以"贾先生推脱，恐怕另有难言之隐"多次向美国华人、运通银行高级副总裁邱正爵表示，要他访华，除非由中国国家领导人发出邀请。但后来条件越来越降级，改为由"政府邀请""科学院邀请"，最后由邱正爵做工作，改为由我出面邀请。我对弗利的狂妄态度，深感不安，他提出的要求也太过分。1980年底，邱正爵访华并与我见了面。他还亲自到天津找到了弗利当年居住过的房子，仔细察看了房子内的情况，发现房子基本上保持着弗利描述的样子。但邱正爵回国后向弗利追问化石是否曾藏在那间房里时，弗利不置可否。邱正爵对弗利的态度也大为不满。

我也曾看过弗利在《康奈尔大学医学院校友季刊》撰文介绍这段经历时，说化石不多，大概装在一打左右的玻璃瓶里，我感到十分蹊跷，认为他见到的根本不是北京人化石。

他还说，他带着标本在秦皇岛等待登上美国轮船时，正赶上珍珠港事件，他被日军俘虏。因为他是医官，没有受到严格的检查，当把他们送往集中营时他还带着标本。当时不用说是个医官，就是再大的官也要接受检查呀！

我觉得弗利一点谱都没有，以后跟他断了联系。

1980年9月中旬到10月初，纽约自然历史博物馆名誉馆长夏皮罗偕女儿访华，他听一位美国朋友告诉他，北京人化石曾藏在天津的美国海军陆战队兵营大院6号楼地下室的木板层下。他到了天津，在天津博物馆的协助下，找到了兵营旧址，这里已成了天津卫生学校，而6号楼在1976年唐山大地震时倒塌，已经改成了操场。据学校的工作人员说，这些建筑物的地下室从未铺过木板地。夏皮罗虽然还带着1939年拍摄的兵营建筑照片，但早已面目全非了。

1996年初，一位日本人在临终前，告诉他的朋友，说二战时丢失的北京人化石埋在距北京城外东24米处，即日坛公园神道附近，在一棵松树上还做了记号。这位日本朋友辗转地告诉了中国当局。中国专家虽然不太相信，但还是对"埋藏"地点进行了技术探测，发现有点异常。科学院副院长作出了"抓紧时间，严密组织，保障安全，快速解决"的决定。6月3日上午正式动土发掘，前后近3小时，没有结果。探测异常可能是由于钙质结核层引起的。

北京电视台、中科院古脊椎动物及古人类研究所等单位发起的"世纪末的寻找"上了电视和报纸后，我又收到了很多提供线索的来信，但绝大多数的来信没有任何价值。日本的一家通讯社也来信说，他们听闻在北海道有些线索，准备派人前往调查，但后来也没任何信息。

北京人化石是国宝，也是属于世界的、全人类的，有很重要的科学价值。在我有生之年，我当然愿意再见到它们，这也是我们老一辈科学家的心愿。这正像我们14名院士作出的"让我们继续寻找'北京人'"的呼吁所说的那样："也许这次寻找仍然没有结局，但无论如何，它都会为后人留下珍贵的线索和历史资料。并且它还会是一次我们人类进行自我教育、自我觉悟的过程，因为我们要寻找的不仅仅是这些化石本身，更重要的是要寻找人类的良知，寻找我们对科学、进步和全人类和平的信念。"

五

北京人是最早的人吗？

裴文中发现了第一个北京人头盖骨，他工作上勤勤恳恳，能吃苦耐劳，我非常敬佩他。我在周口店协助他搞发掘时，一开始什么都不懂，他耐心地教我，从不拿架子，我也十分敬重他。自从发现了北京人头盖骨后，我俩在学术上产生了分歧。首先是关于有没有骨器的问题。1952年周口店建成了陈列馆，为了使周口店的发现早日能与参观者见面，我带领全体工作人员没日没夜地布置展台，填写标签，大家没有一点怨言，全体工作人员只有一个愿望，把陈列馆布置好，早日开放。我们的工作得到了竺可桢副院长和杨钟健的大力支持。预展之前，裴文中来了，当他见到展台里陈列着一些骨器时，大为恼火。问我这些是什么？我说："骨器。"他叫我们打开展台，一边乱扒一边扔，还说："这也是骨器？！"原来布置得整整齐齐的展台，这下全乱套了。我红着脸争辩："您的老师和您自己都承认北京人也制作过骨器使用嘛！这些都是选出来打击痕迹很清楚的材料，怎么说它不是骨器呢？""那就等预展期间听听别人的意见再说吧！"等裴文中走

后，我们又一件一件地把标本摆放好。

这件事传到了杨钟健的耳朵里。没想到这点小事杨钟健十分重视。杨钟健认为，对骨器的看法有分歧，就应把问题公开化，加以讨论。否则在一个陈列馆里各说各的，认识不统一，参观者更搞不明白，这就不像话。直到1959年，我才在《考古学报》第3期上发表了一篇题为《关于中国猿人的骨器问题》的文章。文章一开始，我对周口店关于骨器的研究、不同的意见和看法作了阐述。针对裴文中1938年发表于《中国古生物志》上的论著《非人工破碎之骨化石》所说的把碎骨分啮齿类动物咬碎、食肉类动物咬碎、食肉类动物爪痕、腐蚀纹、化学作用、水的作用等几点原因，摆出了我的看法。

关于被石块砸碎的问题，我在文中写道：

洞顶塌落下来的石块把洞内的骨骼砸碎是完全可能的。……砸碎的骨骼一般都看不出打击点，即使偶尔看出砸的痕迹，但它没有一定的方向，而又集中于一点上。同时被砸碎的骨骼在它的周围还可以找到连接在一起的碎渣。

关于人工打碎的痕迹的问题，我在文章中说：

问题是在于打碎的目的是什么。有人认为：打碎骨骼是为了取食里面的骨髓。这种说法并非不近情理。……那么，是不是所有人工打碎的骨骼都可以用这个原因来解释呢？我认为不能，因为有许多破碎的骨骼用这一原因就解释不通。

我们发现了很多破碎的鹿角，肿骨鹿的角虽然多是脱落下来的，但斑鹿的角则是由角根地方砍掉的。这两种鹿的角，多被裁成残段，有的保存了角根，有的保存了角尖。肿骨鹿的角根一般只保存12—20厘米长，上端多有清楚的砍砸痕迹；斑鹿的角根保存的部分较长，上下端的砍砸痕迹都很清楚，并且第一个角枝常被砍掉。发现的角尖以斑鹿的为多，由破裂痕迹观察，有许多也是被砍砸下来的。在肿骨鹿的角根上，常见有坑疤，在斑鹿的角尖上，常见有横沟，很可能是使用过程中产生的痕迹。有一些大动物的距骨和犀牛的肱骨，表面上显示着许多长条沟痕，从沟痕的性质和分布的情形观察，可以断定它们是被当作骨砧使用而砸刻出来的。破碎的鹿肢骨发现最多，特别是桡骨和蹠骨，它们的一端常被打成尖状，有的肢骨还顺着长轴被劈开，一头再打成尖形或刀形。此外还有许多的骨片，在边缘上有多次打击的痕迹。像上述的碎骨，我们不仅不能用水冲磨、动物咬碎或石块塌落来说明它，也不能用敲骨吸髓来解释。……敲骨吸髓，只要砸破了骨头就算达到了目的，用不着打成尖状或刀状，更用不着把打碎的骨片再加以多次打击。特别是鹿角，根本无髓可取，更不能做无目的的砍砸。

对于被水冲磨的痕迹和被动物所咬的痕迹，我认为：

被水冲磨的碎骨很多……但是这种痕迹很容易识

别。……动物咬碎的骨骼和人工打碎的骨骼虽然容易混淆，但仔细观察，仍可以区别开来的，因为牙齿（多用犬齿）咬碎的常常保持着上宽下窄条形的齿痕，而这种齿痕又多是上下相对应的。被啮齿类动物咬过的痕迹是容易区别的，因为它们都是成组的、直而宽的条痕，好像是用齐头的凿子刻出来的；条痕之间有左右门齿的空隙所保留的窄的凸棱，而且由于上下门齿咬啮，条痕是上下相对的。

裴文中对我的意见提出了反驳，他在《考古学报》1960年2期上发表了《关于中国猿人骨器问题的说明和意见》的文章。文章说：

　　我个人还有些不同意贾先生1959年的说法。我个人认为，打碎骨头，是因为骨质内部结构的关系，骨头破碎时自然成尖形或刀状。这不是中国猿人能力所能控制的，不是有意识地打成的。

　　…………

　　我个人不反对：周口店的一些碎骨上有人工的痕迹。就是最保守的德日进也承认鹿角上有被烧的痕迹，也有人工砍砸的痕迹。但是他认为是为了鹿头在洞内食用时，携入有庞大的鹿角进出洞口时不方便，而将鹿角砍砸下来的。他的意见是鹿角被烧了以后，容易砸落，烧的痕迹可以证明是为了砍掉鹿角而遗弃不食……

裴文中的文章最后说：

> 贾先生应该不会忘记自己所说的话："骨片之中，虽有若干是经过人力所打碎，但是有第二步工作的骨器极少，如果严格地说，连百分之一都不足。"

我与裴文中的争论，都是学术问题，观点不同而争鸣在学者之间是很正常的。有时争得面红耳赤，但不伤感情。我们得到稿费时，还经常一起到饭馆"撮"一顿。经过对北京人化石和伴生出土的哺乳动物化石的研究，以及对出土化石层的绝对年代的测定认为，北京人是生活在70万年前—20万年前，一般准确说法是50万年前—20万年前，属于直立人。对北京人所使用的工具——石器、骨器进行的研究说明，他们打制的石器已经很好，并有不同的分类，这证明他们根据使用上的不同，已能打制出不同类型的石器。北京人还会使用火，并能使火成堆不向四周蔓延，这也证明了他们可以控制火。50万年前的北京人能一下就懂了这么多吗？这些经验是需要很长时间的实践和总结，一代一代传授下来的。那么北京人能是最原始的人吗？

我和山西省考古研究所的王建都有相同的看法。而裴文中则认为北京人是世界上最早的人类，不会再有比北京人更早的人类了。我们认为裴先生的看法是把古人类学关上了大门，不利于这门科学的发展，因而我们写了题为《泥河湾期的地层才是最早人类的脚踏地》的短论，发表在1957年1期《科学通报》上。

泥河湾期的标准地点在河北省西北部的阳原县境内，为一个东西长近百米，南北宽近40米的湖相沉积，以前在国际上一直被认为是距今200万年前—100万年前早更新世地层的代表。我们在文章中这样写道：

　　　　中国猿人的石器，从全面来看，它是具有一定的进步性质的。我们从打击石片上来看，中国猿人至少已能运用三种方法，即摔击法、砸击法、直接打击法（锤击法）。从第二步加工上来看，中国猿人已能将石片修整成较精细的石器。从类型上来看，中国猿人的石器已有相当的分化，即锤状器、砍伐器、盘状器、尖状器和刮削器。这种打击石片的多样性和石器在用途上的较繁的分工，无疑标志着中国猿人的石器已有一定的进步性质。虽然如此，但也不容否认，中国猿人的石器和它的制造过程还保留着相当程度的原始性质。

　　　　人类是否有一个阶段是用"碎的石子，以其所成的偶然状为工具呢"？肯定说是有的。但事实证明，这种人类不是中国猿人，而应该是中国猿人以前的，比中国猿人更原始的人类。假若没有这样一个阶段，就不可能有中国猿人那样的石器产生。因为事物是由简单到复杂，由低级到高级而发展的。同时很多事实表明，人类越在早期，他的文化进程越慢。那么中国猿人能够制造较精细的和种类较多的石器，这是人类在漫长岁月中同自然做斗争的结果。由此可见，显然与中国猿人时代相接的泥河湾期还应有人类及其文化的存在。

裴文中对我们的短论进行了反驳。1961年他在《新建设》7月号杂志上发表了《"曙石器"问题回顾》的文章。文章说：

> 至于说中国猿人石器之前有人工打制的"石器"，我觉得这种说法也难以成立。周口店第13地点的时代是要比第1地点较早一些，但周口店第13地点的石器，我们始终认为它仍然是中国猿人制作的。而且也只有1件石器，虽然它的人工痕迹没有人怀疑，但不能说是一种文化，或者说是中国猿人文化以外或以前的一种文化。更不能证明中国猿人之前，存在着另一种人类，如莫蒂耶所说Homosinia（半人半猿）之类的人一样。

> 至于说中国泥河湾期（即更新世初期）有人类或有石器，我们应该直率地说，至今还没有发现同样的问题，也就是"曙石器"问题。在西方学者中曾争论了近百年，也有许多人尽了很大的努力寻找泥河湾期（欧洲维拉方期）的人类化石和石器，但没有成功。如果欧洲的科学发展程序可以为我们借鉴的话，我们除了在一些基本原则问题上展开"争鸣"以外，是否可以做一些有用的工作，如试验、采集工作？这比争论现在科学发展

还没到达解决时间的问题，或比在希望不大的地层中去寻找有争论的"曙石器"，可能更有意义一些。

我和裴先生对北京人是不是最原始的人的争论，引起了很大轰动。《新建设》《光明日报》《文汇报》《人民日报》《科学报》《历史教学》《红旗》等报刊上都发表了对此争鸣的文章和意见。参加这场争鸣的人除了我和裴文中外，还有吴汝康、王建、吴定良、梁钊韬、夏鼐等先生。大家都认为中国猿人不是最原始的人。1962年，夏鼐在《红旗》17期上，发表了《新中国的考古学》的文章，其中有这样一段话：

> 1957年山西芮城县匼河出土的石器，据发现人说，比北京猿人还要早一些。现在我们可以将我国境内人类发展的几个基本环节联系起来。最近，关于北京猿人是不是最原始的人这一问题，引起了学术界热烈的争鸣。有的学者认为，北京猿人已知道用火，可以说已进入恩格斯和摩尔根所说的人类进化史上的"蒙昧期中期阶段"，不会是最古老的、最原始的人。匼河的旧石器也有比北京猿人为早的可能。

到了这时，这场达4年之久的争论才算停止，虽然没有争出个子丑寅卯，但对这门科学是个大促进，它给这门学科也带来了很大的动力，大家为了寻找比北京人更早的人类遗骸和文化，拼命地工作，并为这门学科的发展带来了新的曙光。

六
找到了比北京人更早的人类化石

对待科学的态度，我认为人的头脑要围着事实转，不能让事实围着自己的头脑转。对的就要坚持，不管你面对的是外国的权威，还是中国的权威。错了就要坚决改，不改则会误人、误己。

科学是要以事实为依据的，争来争去，没有证据也是枉然。

1953年5月，山西省襄汾县丁村以南的汾河东岸，一些工人在挖沙时，发现了不少巨大的脊椎动物化石。山西省文物管理委员会接到报告后，派王择义前往调查。在县政府的协助下，征集到了1.1米长的原始牛角、象的下颌骨、马牙等动物化石，还有一些破碎的石器、石片和很像是人工打制的带有棱角的石球。同年，中科院古脊椎动物研究室的古脊椎动物专家周明镇到山西了解采集的脊椎动物化石的情况，见到了这些石片，认为有人工打击的痕迹，就把动物化石和石片等都带到了北京，准备进一步研究。旧石器除周口店外，在我国发现很少，大家见到周先生带回的材料非常高兴，并把夏鼐、袁复礼等专家请来，一是观看标本，二是讨论丁村地点是否应该发掘。结果大家一致同意把丁村发掘工作作为1954年古脊椎动物研究室的工作重点。1954年6月，裴文中与山西省文管会的王建又到丁村进行了复查。由我任发掘队队长，裴文中、吴汝康、张国斌及山西省的王建、王择义等人参加，9月下旬到丁村开始发掘。我们先进行了普查，共发现了化石点9处，编号为54：90—54：98。后又在附近发现了5处，编号为54：99—54：103。前后共发现了14处。我们只选择了9处地点发掘，重点集中在54：98、54：99和54：100三个地点。共计发掘了52天，挖土方3320立方米，共采集包括蚌壳、鱼、哺乳动物化石、石器等40余箱。在54：100地点还发现了3颗人牙。后经吴汝康先生研究，认为人牙属于北京人与现代人之间的人类——丁村人。石器经我和裴文中研究，就时代而论，比周口店中国猿人（北京人）文化及第15地点的文化较晚，即属更新世晚期。但丁村文化是我国发现的一个旧石器时代晚期文化，无论在中国和欧洲，以前都没有发现类似文化。最初我们推论丁村文化是山顶洞人和北京人之间的一个环节，我们把各地点的石器都作为同一个时期的石器来看待。随着进一步研究，才发现各地点的时代并不相同，各地点的石器类型也不一致。

丁村旧石器遗址的发现，证明了旧石器文化在中国有着不同的传统，并非只有周口店北京人一种传统。丁村人的时代也比北京人的时代晚。虽然还没找到比北京人更早的人类化石和文化，但这对于这门学科也是可喜可贺的。

1957年和1959年，为了配合三门峡水库的建设，中国科学院古脊椎动物与古人类研究所（解放后，新生代研究室归属中国科学院，在新生代研究室的基础上，1953年建立了中国科学院古脊椎动物研究室，1957年改为现名）在那一带做了许多工作。从发现的材料看，那一带是研究第四纪地质、哺乳动物化石和人类遗迹的重要地点。1960年，我们把匼河一带作为年度工作重点，同年6月我带队前往发掘，重点定为"60：54"地点。那里的地层剖面很清楚，最下面的是淡褐色黏土，时代应为距今100多万年的更新世早期。在这层上面含有脊椎动物化石和旧石器的桂黄色的砾石层，有1米厚；往上是4米厚的层次不平的交错层；再上是20米厚的微红色土，夹有褐色土壤和凸镜体薄砾石层；最上面是很晚的细砂和砂质黄土。在这里我们发现了扁角大角鹿、水牛、师氏剑齿虎等哺乳动物化石。发现的石制品是以石片为主，有大小石片和打制石片剩下来的石核以及一面或两面加工过的砍斫器等。扁角大角鹿在周口店北京人地点最下层和第13地点也发现过，根据这种动物的生存年代和绝种年代，我们认为匼河地点的时代应划为更新世中期的早期。从石器上观察，北京人的石器在制作技术上比匼河发现的石器有进步。尽管匼河的石器也有早晚之分，我们都按同一个时代看待它们，无疑匼河的石器要早于北京人使用的石器，至少60：54地点的发现是如此。

虽然我们把重点放在匼河，但仍派出一部分人在附近搜寻新地点。在距匼河村东北3.5千米，黄河以东3千米的西侯度村背后，当地人称为"人疙瘩"的一座土山之下的交错砂层中，我们发现了1件粗面轴鹿的角，粗面轴鹿生活在100万—200万年前。在发掘粗面轴鹿角的过程中，还发现了3块有人工打击痕迹的石器。为了慎重起见，我们在《匼河》一书中，只说："其中还发现了几件极有可能是人工打击的石块。"1961年的6至7月间和1962年春夏之际，王建又主持了两次发掘。发掘都是在"自然灾害"等原因造成的全国都处在生活极端困难的情况下进行的。西侯度地点的地层剖面十分完整，总厚139.2米。产化石和石器的地层位于距底部79米之上的交错砂层中，有1米左右厚。从剖面就能看出，含化石和石器的地层属于更新世早期。发现的哺乳动物化石有剑齿象、平额象、纳玛象、双叉麋鹿、晋南麋鹿、步氏真梳鹿、山西轴鹿、粗壮丽牛、中国长鼻三趾马等，它们都是更新世早期的绝灭种。与化石同层发现的石器，除1件为火山岩、3件为脉石英外，其余都是各种颜色的石英岩。在石器组合中，有石核、石片、砍斫器、刮削器和三棱大尖状器，最大的石核有8.3千克重。我和王建在研究了这些石器后，写了《西侯度——山西更新世早期古文化遗址》一书。

西侯度遗址的发现，使更多的人确信北京人不是最早的人类，这从文化遗存上得到了证实。能不能找到100万年前的人类化石呢？

1959年，地质部秦岭区测量大队的曾河清在一次三门峡第四纪地质会议上，介绍了陕西省蓝田县泄湖镇的一个第三纪和第四纪的剖面。同年，中国科学院地质研究所的刘东生先生也到泄湖镇采集脊椎动物化石标本，并对第三纪地层作了划分。根据这条线索，中国科学院古脊椎动物与古人类研究所于1963年6月派出张玉萍、黄万波、汤英俊、计宏祥、丁素因、张宏等6人组成的野外工作队，到蓝田县一带，开展了系统的地质古生物调查和发掘。7月中在距蓝田县西北10千米的泄湖镇陈家窝村附近发现了一个完好的人类下颌骨和一些石器。下颌骨经吴汝康先生研究是距今50万—60万年前的直立人下颌骨。吴先生定名为"蓝田猿人"。这一发现增加了蓝田地区在学术上的重要地位。

1963年第四季度，全国地层委员会扩大会议在北京举行。会上提出中国科学院古脊椎动物与古人类研究所与其他单位协作，再次对蓝田地区进行大范围的新生代（从六七千万年前到现在）时期的地层进行详细调查。参加这次调查的有地方部门、大专院校和中国科学院有关研究所共9个单位，对这一地区的地层、地貌、冰川、新构造、沉积环境、古生物、古人类和旧石器考古等学科涉及的领域进行综合性的考察和研究。古脊椎动物与古人类研究所除了参加地层调查工作外，还承担古生物、古人类和旧石器的发掘和研究。

1964年春，所里派遣了以我为队长和由赵资奎等人组成的发掘队，对蓝田地区新生界进行了更大规模的调查和发掘。经过3个月的努力工作，我们不仅填制了450平方千米的1∶50000新生代地质图，实测了30多个具有代表性的地质剖面，还发掘出大量的脊椎动物化石和人工石制品。5月22日在蓝田县城东17千米的公王岭发现了1颗人牙。当我赶到发现地点，天下着小雨，大家正围着大约有1立方米被钙质结胶的土块商量，土块上露出了很多化石，化石很糟朽，一不小心，会把化石挖坏，能否整块地运回北京，再慢慢地修理？经过讨论，大家决定用"套箱法"，即用大木箱将土块套起来，再将土块底部挖空，把箱子扶正，往空隙处灌上石膏。这一箱被钙质结胶在一起的化石运回北京后，经过技工几个月的修理，除了修出来哺乳动物化石外，10月19日还修出了1颗人牙。几天后又出现了1个人的头盖骨、上颌骨和1颗人牙。

人类化石经吴汝康先生研究认定是距今110万年前的直立人头骨。吴先生也把它定名为"蓝田中国猿人"。其实公王岭的头骨应称"蓝田直立人"，简称"蓝田人"，而陈家窝的下颌骨从构造看应属北京人。

蓝田直立人的发现，又一次在国内外引起轰动，这是继20世纪20年代末、30年代中期周口店发现了北京人之后，在我国发现的又一个重要的直立人头骨化石。它不仅扩大了直立人在我国的分布范围，而且把直立人生存的年代往前推进了五六十万年，从而给在我国有没有比北京人更早的人的争论画上了圆满的句号。

随之，1965年在我国的云南省元谋盆地上那蚌村附近的小丘梁发现了2颗人的上门齿，经研究测定，为170万年前的直立人化石。1998年在重庆市巫山县的龙骨坡也发现了200万年前的石器，安徽省繁昌也发现了200万—240万年前的石器。这证明了人类历史的源头越来越提前。

七
人类起源的演化过程

周口店发现了北京人头盖骨之后，人们对人类起源的认识大为改观。过去反对人类起源于猿，说"人就是人，怎么能是从猿猴变来的呢"的这些人沉默寡言了。在周口店不但发现了人的头盖骨，而且还发现了人工打制的工具——石器以及骨器、鹿角器、灰烬、烧石、烧骨等人为的证据。我曾说过这样的话："北京人解放了其他国家所发现的早期人类化石。"

随着社会不断地前进，古人类学和旧石器考古学不断地壮大和发展，许多珍贵的人类化石和他们使用的石器在世界各地不断地被发现，古人类学基本上已经能够较完整地向人们展示人类演化的历史全过程。尽管在人类进化过程中仍存在很多缺环，有些问题还有很大的分歧和争议，但人类起源于猿再没有人反对了。

既然人是从猿进化来的，人猿同祖，那么，人、猿、猴的祖先又是什么样的呢？这就要先了解灵长类的起源。

最古老的灵长类，也就是人类及现代所有猿猴的共同祖先，可上溯到6500万年前的古新世。这种动物不像猴，倒像松鼠，是爱在地上乱窜、专门以昆虫为食的胆小哺乳动物。在古新世，地球上到处都是热带森林，在这大片的森林中有很多很多外形像老鼠的哺乳动物，像今天的田鼠、鼹鼠、豪猪等都是它们的近亲。可能树上的食物比地上丰富，有一些像老鼠一样的早期哺乳动物开始爬上了树，以果实、昆虫、鸟蛋及幼鸟为食。今天仍有这种早期灵长类的后裔，称它们为"原猴"，其中包括狐猴和眼镜猴。这些原猴几千万年以来，体形骨骼几乎没什么变化，因为它们非常适应这样的生活环境。但是另外一些种类的原猴变化很大，它们随着环境、气候或其他与之生存相关的动物的变化，可能影响到物种的演变。这种变化大的原猴，由于树栖生活的缘故，它们的后肢变长，前爪渐渐失去了像鼠类那样的尖爪，变成了扁平的指甲。以后它们出现了特有的神经系统，能控制肌肉运动。特别是立体视觉的产生，大幅度地转动脑袋，能准确地判断距离。大脑不断地频繁处理从感觉器官传来的信息，并指挥四肢运动，所以它们大脑的进化程度和相对体积也都比其他动物大。到了3800万年前的始新世晚期至渐新世早期，至少已经有了较为高等的灵长类。

有一种叫"副猿"的灵长类，它的颌骨和牙齿与现代原猴类相近，是现代的眼镜猴或狐猴的祖先；还有一种叫"原上新猿"，它们身体的大小和一些结构细节与长臂猿相近；再有一种叫"埃及猿"，它的牙齿结构是典型的猿类，行动方式上也显示出了高等灵长类的特点。这类灵长类化石发现于1966年埃及法尤姆，大约3200万年前的渐新世地层中，被一些科学家认为很可能是人和猿的共同祖先。

在亚、非、欧三大洲距今2000万年前—1400万年前的中新世地层中，出土了许多被称为森林古猿的化石。1956年，在我国云南省开远小龙潭的煤层中发现了一些牙齿，也被定为森林古猿。森林古猿的化石发现很多，且与黑猿较相似，但一些特征很像猴子。人们发现森林古猿的个体差异很大，有的很小，有的很大，有的在大小之间。一些科学家认为人类有可能是由某个地方的森林古猿种群演化来的。

1932年，美国古人类学家路易斯在印度和巴基斯坦交界的西瓦拉克山发现了一件中新世晚期的灵长类右上颌残片。将它称为拉玛古猿。它的齿弓不像其他猿类那样呈两侧缘。而几乎是平行的U形。显示出似人类的呈抛物线形。猿类有很长的犬齿，而人类的犬齿很小，拉玛古猿的犬齿也很小。拉玛古猿的生存年代估计在1000万年前—800万年前。与拉玛古猿伴生在一起的还有另一种猿类化石，被称为"西瓦古猿"。它与拉玛古猿很相似，只不过拉玛古猿具有一些似人的性状。从20世纪50年代以来一些专家把拉玛古猿看作是人类演化中最古老的猿类祖先，曾称之为"尚不懂制造石器的人类的猿型祖先"。也有一些学者认为拉玛古猿和西瓦古猿是同一类古猿，只是性别的差异。而拉玛古猿与人无关，只是亚洲的褐猿的直系祖先。

到目前为止，究竟哪类古猿是人和猿的共同的祖先，还没有定论，众说纷纭，有待于新的材料的发现和更深入的研究。

1924年，在南非（阿扎尼亚）的塔昂，采石工人发现了一具似人又似猿的残破头骨，经南非约翰内斯堡维特瓦特斯兰德大学解剖学教授利芒德·达特的研究，认为这是6岁左右的幼儿头骨，全套乳齿保存完整，臼齿的恒齿已开始长出，犬齿像人一样很小，并能直立行走，这具塔昂幼儿可能代表了猿与人的中间环节，被定名为"非洲南猿"。1925年，达特在英国《自然》杂志宣布了这一发现，声称找到了人类的远祖。但是，在当时这一发现遭到了各方面的怀疑而被埋没了很多年。南非比勒陀利亚特兰斯瓦尔博物馆脊椎动物馆馆长罗伯特·布鲁姆认为达特的判断是对的，只不过没有足够的证据。他经过多年的不懈努力，终于找到了不少南猿的化石材料。这些南猿化石有两种类型，一种叫纤细型南猿，一种叫粗壮型南猿。而且南猿能直立行走，是早期人类的祖先。

在以后，非洲有很多地方发现过南猿化石。如南非的塔昂、斯特克方丹、克罗姆德莱、斯瓦特克兰斯、马卡潘斯盖等，东非坦桑尼亚的奥杜威峡谷，肯尼亚的图尔卡纳湖东岸，埃塞俄比亚的奥莫河谷等地区都有发现。亚洲南部也有可能找

到他们的踪迹。

1974年在埃塞俄比亚的哈达地区找到了一具保存达40%的骨架遗骸。这是一种十分矮小纤细的南猿，被称为"露茜少女"。这是一种新的，更古老、更原始的南猿，被定名为"南猿阿法种"，经年代测定，生活在330万年前—280万年前。此后又掀起了寻找人类祖先的高潮。

肯尼亚内罗毕柯林顿纪念博物馆的馆长路易斯·利基夫妇及儿子、儿媳，多年来一直为寻找人类的远祖和石器的制造者默默地在东非工作着。1950年，老利基夫妇在东非坦桑尼亚奥杜威峡谷找到了一个头骨。这个头骨从外表上看很像粗壮南猿，白齿很大，但仔细观察牙齿更像人的。利基将它定名为"东非人鲍氏种"。后来这具头骨归属南猿类的一个种叫"南猿鲍氏种"。1959年，利基夫妇又在奥杜威找到了简单的、用鹅卵石制造的工具，称之为"奥杜威工具"。1960年，利基的儿子又在东非距发现东非人不远的地方发现了牙齿和骨片，这些比鲍氏种甚至比纤细型南猿更具有人的特点。利基将这具化石定为"能人"，认为这些"能人"是石器工具的制造者。这一看法被大多数学者接受。

根据目前发现的化石材料看，学者们对人类的早期演化得出了大概的轮廓：

1.人与猿至少在500万年前就分道扬镳了。

2.400万年前—250万年前，远古人类在进化过程中，分成不同的几支，先进的与落后的同时并存。

3.先进的一支继续向着直立人发展。落后的类型逐渐地灭绝。

能人再进一步进化，就成为了直立人，他们生活在170万年前—30万年前。过去将他们称为"猿人"，比如，"爪哇猿人""中国猿人"（也称"北京猿人"）"蓝田猿人"等。实际上直立人现在看来是人类在进化过程中的一环，他们会打制不同用途的石器，有使用火和控制火的文明史，而且脑量已达1000—1300立方厘米，下肢与现代人十分相似，说明其直立姿态已很完善。所以我们现在将他们称之为人，如北京人、蓝田人、元谋人等。虽然把这一阶段的人在学术上称为直立人，但并不能说明南猿和能人不能直立行走。在人类起源整个过程中，人们最初对于直立人（猿人）的全面认识，主要来自北京人的发现及对其文化的研究。所以1929年，裴文中在周口店发现的第一个北京人头盖骨在研究人类起源过程中占有重要的地位。

前面我们已经介绍了直立人发现的经过。直立人再进化就到了智人阶段，他们生活在20万年前—1万年前，智人特别是晚期智人与现代人在体质上基本上没有多大的区别。

八

人类使用工具也是人类起源的证据

人是从猿进化来的，人与猿的真正区别在于人会制造工具。所以我一直认为：在从猿向人类演化的过程中，只有能制造工具时，才算是人了。

由于气候和环境的变化，热带和亚热带的森林逐渐减少，丰富的地面食物促使树栖生活的古猿开始向地栖生活转化。为了取食、防御猛兽的侵害、谋求生存和发展，它们不得不借助其他物体，来延长自己的肢体，弥补自身的不足。频繁地使用木棍和石块，慢慢地成了地面生活不可缺少的条件，这也意味着从猿到人的转变过程随之开始了。这些人科动物因频繁使用天然物，上肢逐渐从支撑身体的功能中解放出来，形成了灵巧的双手，上肢变短，拇指变长并能与其他四指相对，以便灵巧地捏、拿、握任何物体。整个下肢增强、变长，为了适应地面行走，大脚趾与其他四趾变短并靠拢，脚底形成有弹性的足弓和发达的后跟，逐渐形成了人的腿和脚。

特别是骨盆的变化更大，猿的半直立的狭长的骨盆开始向短宽强壮的人类骨盆发展，这说明人科动物正在向人的直立姿势进化。直立的姿势对身体结构也产生了一系列的深刻影响，例如，头部挺起来了，不再向前倾，颅骨的枕骨大孔位置由后逐渐前移；身体重心不断下移，脊柱逐渐形成S形弯曲；内脏器官的排列方式改变，大部分重量不压在腹壁上，而朝下压在了骨盆上等等。

人与灵长类的区别，表现在直立行走、制作和使用工具、有发达的大脑和语言。双手使用天然工具，促使身体朝着直立发展，而直立又反过来进一步解放了双手。随着思维活动的增强，大脑也逐渐发达起来，脑量增加了。产生了原始语言，也增强了自觉能动性。从使用天然工具逐步变成了制作适手的工具，最后到制作各种不同用途的工具。从猿到人的演化已经基本完成了。所以说古人类使用的工具，也是人类起源的最有力的证据。而古人类使用的石器和其他物品均称为"物质文化"或"文化"。早期人类由于认识能力和技术水平很低。当他们需要找比较坚硬的材料制作工具时，最现成的原料就是石头。石头取材方便、加工简单，何况在不会制作石器之前，他们就使用了天然石块做武器或工具了。随着对石块认识的加深，他们开始有选择地使用带刃的，较为锋利的石块，用钝了就扔。人类活动的频繁和复杂化，使人类懂得了制作简单的工具。随后对原材料的选择也有了进一步的认识。石器的加工也日益精致，最后能按不同的用途加工成各种各样的形状。

石器加工的粗糙与精致，除了技术原因外，原材料也是一个很重要的因素。古人类所处的生活环境中，有优质的原材料，就能打制出很精美、很锋利的石器；没有优质的原材料，打制出的石器就很粗糙。为了寻找优质材料加工石器，他们把选择优质石料作为一项重要的采集工作，或把优质石料的产地，当作他们的采集场或石器加工场。

目前，根据对旧石器时代的石器的发现和研究、比较，石器可以分成砍砸器工艺类型、手斧工艺类型、石片（石叶）工艺类型。砍砸器和手斧类型多是重型工具，石片（石叶）类型则是轻型工具。有些学者认为重型石器多为住在森林中的人使用，工具的用途以砍伐树木，敲砸骨头和坚硬的果实为主；轻型工具（最小的不足1克，大的也只有10多克）可能为草原中人所使用。按这种说法推论，同一地点发现的石器有大有小，就是居住的环境既有森林，也有草原了。北京人当时在周口店居住的环境就是如此，所以其地点发现的石器有大也有小。

世界各地发现的石器各不相同，这只是从总体上来看的，相同的类型有时也有，只是比例上有大有小而已。欧洲发现的石器多是用石核或厚石片两面打成的，又称作"两面器"，这种石器在欧洲占有主要的地位。我国的石器多数是石片再加工成的，虽然也有石核打制成的石器，但比例不大。相反，在欧洲发现的石器虽然也有石片石器，但为数较少，在打击石片、制作方法和器形上也与我国的不同。

随着人类历史的发展，人们认识到了强化生产活动和工具使用的效率这个问题。旧石器时代的中晚期已有磨光石器被零星使用，磨光石器一直被认为是新石器时代的代表性物品。磨光石器一般被认为与砍伐树木、开田务农有关。虽然打制的石斧也能砍伐树木，但很容易变钝，需要经常修理，而修理后的石斧又不如原来的锋利，大大影响了工具的使用寿命。经过磨光后的石器，表面光滑，刃口平直，砍伐时的阻力比不磨光的小得多。虽然磨光一件石斧要比打制一件石斧花费的时间长得多，费力也多，但它们的使用寿命也长，使用时也很省力。有一项试验表明，一件磨光的石斧在4个小时里砍伐了34棵树之后，刃口才变钝。随着农业的出现，在农耕中采用磨光的石锄和石锛有着极大的优越性。以后磨光石器应运而生。

长期以来，把磨光石器作为新石器时代的代表器物的同时，也把陶器视为新石器时代的一种标志。陶器的发明和使用，与人类农耕定居活动有着密切的关系，与人类生活方式的变化有关。陶器的功能一般用于贮藏和炊煮食物。但在陶器发明之前，在旧石器时代晚期，制陶技术就已经出现，那时只是用焙烧方法制作陶像，还没想到用这种方法也能烧制容器。制陶工艺在28000年前—24000年前开始出现，而陶器的出现要晚

14000年左右。

　　如何划分旧石器时代和新石器时代，学术界现在还没完全统一。有的学者在旧石器时代和新石器时代之间又划出一个"中石器时代"，但我并不赞成这种划分。我国早在28000年前就有了磨制技术，农耕的出现也比估计的要早。距今13000年前就发现了陶片，所以我认为陶制品就是很好的凭证，只要有了陶器，那么就可以称为新石器时代了。

九
人类诞生在地球历史上的位置

人类进化的历史已经有几百万年了。但与地球的历史相比较，也只不过是很短很短的事。尽管早期的人类化石材料不断地被发现，人类起源的时间也越来越提前。根据我个人的观点，人类的历史已经有400万年了，但与地球的历史相比也只是一瞬间。

现在探索的结果，地球的形成已有45亿—50亿年了。根据地史学的研究和国际上的统一规定，整个地球的历史分为五个大的阶段，这五大阶段称作"代"：太古代、元古代、古生代、中生代、新生代。每个代再分成若干个次一级的单位，叫作"纪"；每个纪再分成若干个再次一级的单位，叫作"世"。还有的国家和地区，把"世"又分成若干"期"。

太古代，地球形成之后，很长一段时间内是没有生命的，生命还处在化学进化阶段，这个年代距离我们今天太遥远了。

元古代，大约距今17亿年前，地壳发生了一次大的变动，生物界出现了一次大的飞跃，生命从化学进化阶段一跃而进入了生物进化阶段，有生命的物质开始出现。元古代又分成前震旦纪和震旦纪。元古代的早期叫作前震旦纪，晚期大约开始于19亿年前，结束于5.7亿年前，叫作震旦纪。

古生代，大约在距今5.7亿年前，地球的环境又发生了一次大的变动，促使生物界出现了一次空前的大飞跃，大量的古代生物在地球上开始出现。古生代分成了六个纪：寒武纪，始于5.7亿年前，结束于5亿年前；奥陶纪，始于5亿年前，结束于4.4亿年前；志留纪，始于4.4亿年前，结束于4亿年前；泥盆纪，始于4亿年前，结束于3.5亿年前；石炭纪，始于3.5亿年前，结束于2.85亿年前；二叠纪，始于2.85亿年前，结束于2.3亿年前。

中生代，大约在二叠纪末期，由于环境适宜，地球上的脊椎动物大量涌现，特别是爬行动物空前繁盛。各种"龙"特别多，水中有鱼龙，空中有翼龙，陆上有各种恐龙，所以中生代又称为"龙的时代"。中生代划分为三个纪：三叠纪，始于2.3亿年前，结束于1.95亿年前；侏罗纪，始于1.95亿年前，结束于1.35亿年前；白垩纪，始于1.35亿年前，结束于6700万年前。

新生代，在中生代末期，地球的气候发生突然变化，也有人认为是彗星撞上了地球，植物大量毁灭，引起了生物界的连锁反应，以植物为生的动物大批大批灭绝，又给以食肉为生的动物带来了死亡的威胁。总之，在地球上称霸一时的各类恐龙大批绝灭，而在中生代出现的一支弱小的哺乳类动物，得到了生存和发展的机会，派生出很多支系，使地球上的生物出现了一个崭新的面貌，地球也进入了一个更加繁荣的新时代。新生代分两个纪：第三纪和第四纪。第三纪又划分五个世：古新世、始新世、渐新世、中新世、上新世。第四纪分为两个世：更新世和全新世。

人类是在第四纪开始出现和进化的，比起地球的历史当然是一瞬间的事。有一位科学家打了一个通俗的比喻，如果把地球的历史比作一天的24小时，那么1秒相当于地球历史的5万年。按现今的发现，把人类的历史按300万年计算，人类的出现只相当于24小时的最后一分钟。

午夜零点　　　　地球形成

5时45分　　　　生命起源

21时12分　　　　鱼类产生

22时45分　　　　哺乳类动物出现

23时37分　　　　灵长类出现

23时56分　　　　拉玛古猿出现

23时58分　　　　南方古猿出现

23时59分　　　　能人出现

午夜前30秒　　　直立人（猿人）出现

午夜前5秒　　　智人出现

第四纪开始的重要标志是人类的出现。由于古人类化石不断地被发现，而且人类化石的年代越来越早，所以第四纪起始的年代也越来越往前提。20世纪20—30年代，在古人类学和考古学研究领域中，一般认为北京人是属于更新世早期的人类。第四纪起始年代定为距今约60万年前。随着爪哇人被承认为直立人阶段的古人类，而且年代比北京人还要早，国际地质学会1948年在伦敦的会议上，把欧洲的维拉方期和中国的泥河湾期划归为更新世早期，北京人生活的时代为更新世中期，第四纪起始年代改为约100万年前。到了60年代，超过100万年的古人类化石又不断地有了新发现。第四纪起始年代又前推到了150万—200万年前。近10多年，非洲大陆不断地有更早的人类化石被发现，第四纪起始年代又推到300万年前。

我认为，根据目前的发现，必将在上新世距今400多万年前的地层中找到最早的人类遗骸和最早的工具，人能制造工具的历史已有400多万年了。

1989年，在美国西雅图举行的"太平洋史前学术会议"上，我曾建议把地质年表中的最后阶段"新生代"一分为二，把上新世至现代划为"人生代"，把古新世至中新世划为新生代。我认为这样的划分比过去的划分更明确。

十

21世纪古人类学者的三大课题

随着我国的改革开放，经济上的崛起，科教兴国政策的实施，在科学和文化领域必将有一个欣欣向荣的崭新面貌。有人称21世纪是中国在各方面全面发展的世纪。从20世纪初我国兴起古人类学、旧石器考古学，到目前为止，对人类起源的时间、人类起源的地点、人类在演化过程中先进与落后的重叠现象这三大课题的探索还没有一个满意的答案，这将是这门学科在21世纪的主要研究课题，也是古人类学研究中最引起人们注目和最富有吸引力的课题。

人类起源的地点，最初有人认为是欧洲，因为欧洲研究古人类的历史较早，最早发现的古人类化石也在欧洲。随着古人类学的发展，古人类化石和文化的不断发现，欧洲起源说没人赞同了，就连欧洲的学者也承认人类起源地不在欧洲。后来非洲发现了古人类化石，有人把目光转向了非洲，说人类起源于非洲。当亚洲有了更多的古人类化石发现后，又有人认为亚洲是人类的发祥地。这个问题直到现在还在争论。

美国学者马修1911年在纽约科学院宣读了《气候与演化》的论文（1915年正式出版），论文中他支持1857年利迪提出的人类起源于"中亚"的论点。利迪认为，在中亚高原或附近地带出现了最早的人类。不过利迪的论点在当时没有受到人们的重视和接受。美国人类学家奥斯朋1923年提出：人类的老家或许在蒙古高原。他认为最初的祖先不可能是森林中人，也不会从河滨潮湿、多草木、多果实的地方崛起。只有高原地带环境最艰苦，人类在那里生活最艰难，因而受到的刺激最强烈，这反而更有益于演化，因为在这种环境中崛起的生物对外界的适应性最强。

我的观点是，人类起源于亚洲南部即巴基斯坦以东及我国的广大西南地区。这是因为1965年在我国云南省元谋盆地发现了170万年前的元谋直立人牙齿，1975年在云南省开远县和禄丰县发现了古猿化石，这种最初定名为拉玛古猿的化石出土的褐煤层，距今有800万年的历史，处于中新世晚期到上新世早期。这种古猿最带有人的性质，被称为"尚不懂制造石器的人类的猿型祖先"。在元谋县班果盆地也有人型超科化石的发现。

1975年，中国科学院古脊椎动物与古人类研究所的专家们，到喜马拉雅山脉中段和希夏邦马峰北坡海拔4100—4500米的古陆盆地考察，发现了时代为上新世（距今500万—200万年前）的三趾马动物群。除三趾马外，还有鬣狗和大唇犀等。从三趾马的生态环境看，那里多是森林草原的喜暖动物。根据当地孢子的花粉分析，此地曾生长椎木、棕榈、栎树、雪松、藜科和豆科植物，这些都属于亚热带植物。

1966—1968年，中国科学院组织的珠穆朗玛峰综合考察队，连续三年在那里进行考察和研究。郭旭东先生发表了论文，认为在上新世末期（约200多万年前），希夏邦马峰地区的气候为温湿的亚热带气候，年平均温度为10℃左右，年降水量2000毫升。喜马拉雅山在上新世时高度约海拔1000米，气候屏障作用不明显。这些条件都适合古人类的生存。我在1978年出版的《中国大陆上的远古居民》一书就这样表述过，"由于上述的理由我赞成'亚洲'说，如果投票选举的话，我一定投'亚洲'的票，并在票面上还要注明'亚洲南部'字样"。

关于人类起源的时间也是大家最关心的问题。人是由猿进化来的，已经没有疑义了，那么人猿相区别是在什么时候呢？人是与猿刚一区别的时候就应该叫作人，还是从能制造工具的时候才算人呢？周口店北京人发现之后，才知道人已有50万年的历史了。随着对北京人使用的工具——石器的深入研究，发现它们的加工很细，不但能选用石料，还能分出各种类型，这证明北京人因用途不同而会打制不同类型的石器。再有，在北京人遗址发现了灰烬，而且成堆，里边还有被烧烤过的石头和动物骨骼，这证明北京人不但已经懂得使用火，而且还会控制

火。这些进步都不可能在很短的时间内认识到或者做到，必须经过很长时间的实践和总结。因而我和王建先生提出了北京人不是最原始的人的论点，并发表了《泥河湾期的地层才是最早人类的脚踏地》的短论，引起了长达4年之久的公开争论。随后发现了元谋人、蓝田人化石，西侯度、东谷坨、小长梁等地的石器，经研究证明，它们都比北京人早得多，距今已有180万—100万年的历史。就文化遗物——石器而言，目前发现的石器都有一定的类型和打制技术，当然不能代表最原始的技术，但目前谁也不能肯定地说出最原始的石器是什么样。现在发现又有了最新进展，在重庆市巫山县的龙骨坡发现了200万年前的石器，在安徽省繁昌地区也发现了200万—240万年前的石器。我在1990年发表的《人类的历史越来越延长》一文中说过："……（人）能制造工具的历史已有400多万年了。"说来也巧，这篇文章发表不久，美国人类学家就在非洲发现了400多万年前的人类化石。

　　人类在演化过程中的重叠现象是非常复杂而又十分棘手的问题。人在演化过程中并不是呈直线上升的，而是原始与进步同时并存的，我把它叫作"重叠现象"。这种表现最为显著的是，辽宁省营口发现的金牛山人和周口店发现的北京人相比，金牛山人比北京人要进步得多，属早期智人。而北京人生活的年代是70万年前—20万年前，在这段时期内，北京人的体质变化不大，这就说明先进的金牛山人出现的时候，落后的北京人的遗老遗少们还仍然生存于世。他们之间可能见过面，也可能为了生存彼此之间还打过架。这种重叠现象，并非仅在中国存在。重叠现象不仅存在于人类在演化的过程中，他们遗留下来的石器也屡见不鲜。过去我在华北工作的时间较长，把华北的旧石器文化划分为两个系统，这是按照石器的大小和使用的不同而划分的。在广大的国土上是否有其他系统和类型？答案是肯定的。因为人类有分布，文化有交流和交叉。

在河北省阳原县小长梁发现的细小石器，制作精良，最小的还不到1克重。这些石器能与欧洲10万年前的石器媲美。1994年中国科学院地球物理研究所专家用先进的超导磁力仪测定，小长梁遗址距今为167万年。虽然这为我提出来的"细石器起源于华北"增加了证据，但石器之小，打制技术之好，年代之久远，是什么人打制的呢？仍是令人百思不得其解。

综述以上三大问题，是21世纪古人类学者和旧石器考古学者面临的重大课题。不是外国人说什么就是什么，也不是一两个"权威"就能说了算数的，这是全世界这门学科的学者所面临的课题。既然如此，就应该展开国际间的合作，特别是培养更多的年轻人参加到这门学科队伍中来，他们思想开放，更容易掌握先进技术和方法。要解决这三大课题，古人类学者和旧石器考古学者任重而道远。

十一

保护北京人遗址

我是从发掘周口店起家的，我的成长、事业、命运都与周口店紧紧地连在一起。没有周口店，也就没有我的今天。青少年朋友可能不知道有我这个贾兰坡，但一定会知道周口店北京人遗址，这在课本上都会学到的。在周口店北京人遗址里，发现古人类和古脊椎动物化石材料之多，背景之全，在世界上是首屈一指的。很多科学论著、科普文章、教科书以及一些报纸杂志在论述人类起源问题时，不论是国内的还是国外的，都会提及周口店。这也说明周口店在研究人类起源问题上的重要位置。1987年，联合国教科文组织将周口店北京人遗址列入《世界文化遗产名录》。1992年，北京市政府把周口店北京人遗址列为北京青少年教育基地。同年，它又被评为北京十大世界旅游景点之一。1993年，在第七届全运会上，我亲手在这里点燃了"文明之火"的火种，它与"进步之火"在天安门广场汇合，象征着中华民族的文明与进步日益腾飞。

到1999年的12月2日，北京人第一个头盖骨的发现已经70

周年了。自从敲开了"北京人之家"的大门后，北京人遗址有了它非常辉煌的时期，而如今由于经费不足，无力保护和修缮，使第1地点、山顶洞、第4地点、第15地点都受到不同程度的损坏。有人在著述中很形象地比喻说："它就像人们迁入了现代化的公寓后，无意再光顾昔日的竹篱茅舍一样受人冷落。"有人在《光明日报》上撰写文章说，周口店遗址以厚厚的尘埃和萧条陈旧的衰落之态呈现于世人面前。1988年，联合国教科文组织在中国考察了几处文化遗产，指出周口店遗址比起故宫、长城、秦俑、敦煌，是目前保护最差、受损最严重的一处。

随着社会的进步，科学的发展，现代文明越来越被人们接受。我们古老的祖先——北京人早在50万年前，就学会了打制各种类型的石器，特别是学会了用火，并能控制火。他们也在创造文明。我们决不应该忘记。

我曾多次著述和呼吁：要保护好这个世界文化遗产，希望有识之士像20世纪30年代的洛克菲勒基金会一样资助周口店。可喜的是，党和政府正在着手做这方面的工作。1996年，联合国教科文组织、中国科学院、法中人种学基金会联合召开了"修复世界文化遗产——北京人遗址"方案论证会。论证会十分成功。有关方面将着手拨款在周口店修建一个世界一流的古人类博物馆，抢修第1地点和山顶洞的方案也在筹备之中。

我常想，要把这门科学世世代代传下去，就要为青少年普及这方面的科学知识，使青少年能够产生对这门科学的爱好。既然周口店是青少年教育基地，那么，除了保护好它之外，在有条件的情况下，在遗址周围还应该仿照50万年前的情景，种上树木和草丛，塑造出正在打制石器、狩猎、采集果实、使用火的北京人，逼真地再现北京人的生活场景，使参观者一走入北京人遗址的大门就仿佛倒退到50万年前。这样，北京人遗址会越来越受到人们，特别是青少年的喜爱，成为真正的教育青少年的基地。青少年对这门科学产生了浓厚的兴趣，就会有更多的青少年加入到这门学科队伍中来，这门科学有了新鲜的血液，就会更有活力，就能有更加快速的发展，也就能再现新的辉煌。

附录

古人类化石表

南方古猿类化石

名称	发现时间	国别	发现地点	主要标本	地质年代或距今年代	曾用学名
非洲南方古猿	1924 年	南非（阿扎尼亚）	塔昂（Taung）	头骨	早 – 中更新世	非洲南方古猿（Australopithecus africanus）
	1936 年	南非（阿扎尼亚）	斯特克方丹（Sterkfontein）	头骨、肢骨	早更新世	德兰士瓦迩人（Plesianthropus transvaalensis）
	1939 年	坦桑尼亚	加鲁西（Garnsi）	左上颌骨		非洲魁人（Meganthropus africanus）非洲前人（Praeanthropus africanus）非洲猿人（Africanthropus njarasensis）
	1947 年	南非（阿扎尼亚）	马卡潘斯盖（Makapansgat）	头骨片	早更新世	普罗米修斯南方古猿（Australopithecus prometheus）
	1965 年	肯尼亚	卡纳波伊（Kanapoi）	肱骨下段	400 万年	南方古猿
	1967 年	肯尼亚	洛塔甘（Lothagam）	下颌骨	550 万年	南方古猿
	1970 年	坦桑尼亚	库彼福勒（Koobi Fora）	头盖后部	160 万—182 万年	
粗壮南方古猿	1938 年	南非（阿扎尼亚）	克罗姆德莱（Kromdraai）	头骨、肢骨	中更新世	粗壮傍人（Paranthropus robustus）
	1948 年	南非（阿扎尼亚）	斯瓦特克兰斯（Swartkrans）	头骨、髋骨	中更新世	巨齿傍人（Paranthropus crassidens）
	1971 年	肯尼亚	切索旺雅（Chesowanja）	顶骨	110 万—120 万年	

名称	发现时间	国别	发现地点	主要标本	地质年代或距今年代	曾用学名
鲍氏南方古猿	1950年	坦桑尼亚	奥杜威（Olduvai）	头骨	175万年	鲍氏东非人（Zinjanthropus boisei）
	1964年	坦桑尼亚	佩宁伊（Peninj）	下颌骨	中更新世	鲍氏东非人（Zinjanthropus boisei）
	1970年	坦桑尼亚	库彼福勒（Koobi Fora）	头盖骨、上下颌	160万—182万年	鲍氏东非人（Zinjanthropus boisei）
早期南方古猿	1970年	肯尼亚	戈罗拉（Ngorora）	第二上臼齿	上新世，900万年	南方古猿
归属未定	1941年	印度尼西亚	三吉岭（Sangiran）		中更新世	古爪哇魁人（Meganthropus palaeojavanicus）疑似猿人（Pithecant hropus dubius）
	1957年	中国	华南（地点不明）	一颗臼齿		裴氏半人（Hemanthropus peii）
	1960年	巴勒斯坦	尤拜迪亚（Ubeidija）	部分颅骨		约旦人（Jordanthropus）？猿人？
	1962年	乍得	科罗托罗（Koro Toro）	部分头骨	早－中更新世	乍得古猿（Tchadanpithecus uxoris）副南方古猿（Paraustralopithecus）
	1967年	埃塞俄比亚	奥莫（Omo）	下颌骨、牙齿	早更新世	副南方古猿（Paraustralopithecus）
	1970年	中国	湖北建始	臼齿		南方古猿

早期猿人化石

名称	发现时向	国别	发现地点	主要标本	地质年代或距今年代	曾用学名
能人	1960年	坦桑尼亚	奥杜威（Olduvai）	头顶骨	早更新世	Homo habilis
伊利雷特	1971年	坦桑尼亚	伊利雷特（Ileret）		早更新世或晚上新世200万年以上	Homo
1470号颅骨	1972年	肯尼亚	图尔卡纳湖东岸（East TurKana）	头骨、肢骨	200万—280万年	Homo
巴林戈		肯尼亚	巴林戈（Baringo）	右颞骨片	300万—350万年	
阿法	1974年	埃塞俄比亚	阿法（Afar）	颌骨、体骨	350万年	南方古猿阿法种Homo

晚期猿人化石

名称	发现时间	国别	发现地点	主要标本	地质年代或距今年代	曾用学名
直立人	1891 年	印度尼西亚	爪哇（Java）	头盖骨、股骨	中更新世 50 万—80 万年	直立猿人，爪哇猿人（Pithecanthropus erectus）
海德堡人	1907 年	德国	海德堡（Heidelberg）	下颌骨	40 万—50 万年	海德堡人（Homo heidelbergensis）
北京猿人	1929 年	中国	北京周口店	头盖骨、下颌骨、肢骨、牙齿等	50 万年	中国猿人北京种（Sinanthropus pekinensis）
莫佐克托猿人	1936 年	印度尼西亚	爪哇莫佐克托（Modjokerto）	小儿头盖骨	早更新世末 180 万年	莫佐克托猿人（Pithecanthropus modjokertensis）
粗壮猿人	1938 年	印度尼西亚	爪哇三吉岭（Sangiran）	头骨后部、下颌骨	早更新世末	粗壮猿人（Pithecanthropus robustus）
开普猿人	1949 年	南非（阿扎尼亚）	斯瓦特克兰斯（Swartkrans）	下颌骨	中更新世	开普远人（Telanthropus capensis）
药铺猿人	1952 年	中国	华南（地点不明）	臼齿	中更新世	中国猿人药铺种（Sinanthropus officinalis）
阿特拉猿人	1954 年	阿尔及利亚摩洛哥	土尼芬（Termifine）阿布德拉多	下颌骨、顶骨	第二间冰期初 45 万年	毛里坦阿特拉猿人（Atlanthropus mauritanicus）
利基猿人	1960 年	坦桑尼亚	奥杜威（Olduvai）	头盖骨、股骨、髋骨	50 万年	利基猿人（Homo leakeyi）舍利人（Chellean man）
奥杜威 13 号头骨	1963 年	坦桑尼亚	奥杜威（Olduvai）			奥杜威 13 号头骨（Olduvai Hominid 13）
蓝田猿人	1964 年	中国	陕西蓝田	头盖骨、下颌骨	78 万—85 万年	中国猿人蓝田种（Sinanthropus lantienensis）
元谋猿人	1965 年	中国	云南元谋	两颗上中门齿	60 万年左右	
沈劝人	1965 年	越南	沈劝（Tham Khuyen）	牙齿	第二间冰期	
维尔德兹佐洛猿人	1965 年	匈牙利	维尔德兹佐洛（Vértesszdlos）	枕骨、牙齿	40 万年	古匈牙利人（Homo paleohungaricus）

名称	发现时间	国别	发现地点	主要标本	地质年代或距今年代	首用学者
	1969 年	捷克斯洛伐克	布拉格（Prague）以北	臼齿	40 万年	
	1975 年	中国	湖北郧县梅铺	门齿、前臼齿、臼齿	中更新世	
	1976 年	中国	湖北郧县白龙洞	牙齿	中更新世	
	1980 年	中国	安徽和县龙潭洞	头盖骨、牙齿、下颌骨	中更新世	
	1993 年	中国	南京汤山	头盖骨	中更新世，42 万年	
	1994 年	中国	辽宁营口	骨架	中更新世末	

早期智人化石

名称	发现时间	化石产地		主要标本	地质年代或距今年代
		国别和地区	发现地点		
直布罗陀人	1848 年	直布罗陀（英）	直布罗陀（Gibraltar）	头骨	4 万—7 万年
尼安德特人	1856 年	德国	尼安德特（Neanderthal）	头骨、肢骨	玉木早期
斯庇人	1886 年	比利时	斯庇（Spy）	两具成年男性骨架	
克拉皮纳人	1895 年—1906 年	南斯拉夫	克拉皮纳（Krapina）	14 个个体（9 个成人，5 个幼童，200 多颗牙齿）	
莫斯特人	1908 年	法国	莫斯特（Le Moustier）		
圣沙拜尔人	1908 年	法国	圣沙拜尔（La Chapelle-aux-Saints）	老年男性骨架	3.5 万—4.5 万年
基纳人	1908 年—1921 年	法国	基纳（La Quina）		玉木早期
费拉西人	1900 年	法国	费拉西（La Ferrassie）	7 个个体，包括成人、小孩新生儿和胎儿	3.5 万年以上
埃林斯多甫人	1914 年—1925 年	德国	埃林斯多甫（Ehringsdorf）	20 多岁女人头骨，下颌骨，幼童下颌骨、头后骨骼	6 万—12 万年
断山人（罗得西亚人）	1921 年	赞比亚	断山（Broken Hill）	成年男性头骨	3 万—10 万年

名称	发现时间	化石产地		主要标本	地质年代或距今年代
		国别和地区	发现地点		
奥哈巴－波诺尔	1923 年	罗马尼亚	奥哈巴－波诺尔（Ohabe-Ponor）	右足第二趾骨	玉木早期
基克－柯巴人	1924 年	苏联	基克-柯巴（Kik-Koba）	成年肢骨，小儿体骨、肢骨	玉木冰期，4 万－7 万年
朱蒂耶人或加里里人	1925 年	巴勒斯坦	朱蒂耶（Zuttiyeh）加里里（Galilee）	不完整男性头骨（额骨、颧骨、鼻骨、蝶骨）	7 万年
加诺西人	1926 年	捷克斯洛伐克	加诺西（Ganovce）	颅腔骨膜	7 万年
卡麦尔人塔邦人斯虎尔人	1929 年－1934 年1931 年－1932 年	巴勒斯坦巴勒斯坦	卡麦尔山（Miunt Carmel）塔邦（Tabun）斯虎尔（Skhul）	成年女性完整骨架，成年男性下颌5 男，2 女，3 幼童	4 万－7 万年7 万年
萨科帕斯托人	1929 年－1935 年	意大利	萨科帕斯托（Saccopastore）	成年男女头骨	6 万年
昂栋人（梭罗人）	1931 年－1941 年	印度尼西亚	昂栋（Ngandong[Solo]）	头盖骨 12 个	晚更新世
斯坦海姆人	1933 年	德国	斯坦海姆（Steinheim）	女性头盖骨	20 万－25 万年
卡夫泽人	1934 年－1967 年	巴勒斯坦	卡夫泽（Qafxeh）	10 个个体	7 万年
断旺斯科姆人	1935 年	英国	斯旺斯科姆（Swanscombe）	头骨	25 万年
捷什克－塔什尼人	1938 年	苏联	捷什克-塔什尼（Tesek-Tash）	幼童头骨	玉木冰期 4 万－7 万年
坎萨诺人	1938 年	法国	坎萨诺（Quinzano）	头骨	7 万－15 万年
孟色西人	1939 年－1950 年	意大利	孟色西（Monte Circeo）	头骨（成年男性）、下颌骨	玉木早期
丰德谢瓦人	1947 年	法国	丰德谢瓦（Fontechevade）	头骨碎片	7 万－15 万年
蒙特莫兰人	1949 年	法国	蒙特莫兰（Montmaurin）	下颌骨	7 万－15 万年
阿西苏居人	1949 年－1951 年	法国	阿西苏居（Arcy-Sur-Cure）	下颌骨	14 万年
斯塔罗谢雅人	1952 年	苏联	斯塔罗谢雅（Staloscljc）	2 岁幼儿	
豪亚弗塔人	1952 年－1955 年	利比亚	豪亚弗塔（Haua Fteeh）	下颌骨	4 万年
苏尔达纳人	1953 年	南非（阿扎尼亚）	苏尔达纳（Saldanha）	头盖骨、下颌骨	4 万年
沙尼达尔人	1953 年－1960 年	伊拉克	沙尼达尔（Shanidar）	7 个个体	4.7 万－5 万年

名称	发现时间	化石产地		主要标本	地质年代或距今年代
		国别和地区	发现地点		
丁村人	1954年—1976年	中国	山西襄汾	头骨碎片、牙齿	10万年
长阳人	1956年—1957年	中国	湖北长阳	上颌骨	4万—6万年
牛川人	1957年	日本	爱知县牛川	肱骨	里斯–玉木间冰期
马坝人	1958年	中国	广东韶关	头骨	10万年
佩特拉郎那人	1960年	希腊	佩特拉郎那（Petralona）	头骨	玉木冰期
耶贝尔依罗人	1961年	摩洛哥	耶贝尔依罗（Jabel Iroud）	头骨及面骨	
阿木德人	1961年—1964年	巴勒斯坦	阿木德（Amud）	4个个体，一成年男性完整骨架	4万—7万年
沈海人	1964年	越南	沈海（Tham Hai）	牙齿	2万年
奥莫人	1967年	埃塞俄比亚	奥莫（Omo）	2个个体	5万—10万年
陶塔维人	1971年	法国	陶塔维（Tautavel）	面骨、额骨、下颌骨	20万年
桐梓人	1972年	中国	贵州桐梓	牙齿	10万年
新洞人	1973年	中国	北京周口店第4地点	牙齿	10万年
许家窑人	1976年	中国	山西阳高	牙齿、头骨碎片	10万年
大荔人	1978年	中国	陕西大荔	头骨	10万年
巢县人	1982年	中国	安徽巢县	枕骨等	

晚期智人化石

名称	发现时间	化石产地		主要标本	地质年代或距今年代
		国别和地区	发现地点		
克罗马农人	1868年	法国	克罗马农（Cro-Magnon）	5个个体	2万—3万年
格里马迪人	1872年—1901年	摩洛哥	格里马迪（Grimaldi）	7个个体	4万年
商塞拉德人	1888年	法国	商塞拉德（Chancelade）	成年男人	1.2万—1.7万年
瓦加克人	1890年	印度尼西亚	瓦加克（Wadjack）	2个头骨及下颌骨、牙齿	4万年

名称	发现时间	化石产地		主要标本	地质年代或距今年代
		国别和地区	发现地点		
布尔诺人	1891 年	捷克斯洛伐克	布尔诺（Brno）	头骨、下颌骨碎片、头后骨骼	玉木晚期
普列摩斯提人	1894 年—1957 年	捷克斯洛伐克	普列摩斯提（Predmosti）	27 个个体	3.48 万年
孔姆卡佩人	1909 年	法国	孔姆卡佩（Combc-Capell）	成年男人头骨	3.4 万年
博斯科普人	1913 年	南非（阿扎尼亚）	博斯科普（Boskop）	头骨	晚更新世
奥伯卡斯尔人	1914 年	德国	奥伯卡斯尔（Oberkassel）	2 个个体	1.2 万—1.7 万年
河套人	1922 年—1956 年	中国	内蒙古伊克昭盟乌审旗	头骨、肢骨碎片、牙齿	更新世末
阿塞拉人	1927 年	马里	阿塞拉（Asselar）	成年男性骨骼	更新世末
阿尔法卢人	1928 年—1929 年	阿尔及利亚	阿尔法卢（Alfalou）	48 个个体，包括男、女和小孩	晚更新世
明尼苏达人	1931 年	美国	明尼苏达（Minnesota）	头骨	1.1 万年
明石人	1931 年	日本		腰椎骨	晚更新世
弗洛里斯巴人	1932 年	南非（阿扎尼亚）	弗洛里斯巴（Florisbad）	头骨	3.5 万年
山顶洞人	1934 年	中国	北京周口店山顶洞	7 个个体	1 万—2 万年
札赉诺尔人	1933 年—1943 年	中国	内蒙古满洲里札赉诺尔	2 个头骨、上下颌骨	1 万年
凯洛人	1940 年	澳大利亚	凯洛（Keilor）	头骨等	1.3 万年
通庄人	1942 年	越南	通庄（Lang Thung）	牙齿	晚更新世
希昂克洛维纳人	1942 年	罗马尼亚	希昂克洛维纳（Cioclovina）	头骨	玉木冰期
特佩克斯潘人	1949 年	墨西哥	特佩克斯潘（Tepcxpan）	头骨	1.1 万年
葛生人	1950 年	日本	栃木县葛生	下颌骨、肢骨	晚更新世
资阳人	1951 年	中国	四川资阳	头骨	晚更新世

名称	发现时间	化石产地		主要标本	地质年代或距今年代
		国别和地区	发现地点		
榆树人	1951 年	中国	吉林榆树	头骨片、肢骨片	晚更新世
下草湾人	1954 年	中国	江苏泗洪下草湾	胫骨中段	晚更新世
伦达人	1956 年	德国	伦达（Rhunda）	头骨右侧骨片	晚更新世
建平人	1957 年	中国	辽宁建平	肱骨	晚更新世
柳江人	1958 年	中国	广西柳江	头骨、椎骨、骶骨	晚更新世
尼阿人	1959 年	马来西亚	尼阿（Niah）	头骨	3.9 万年
丽江人	1960 年—1964 年	中国	云南丽江	头骨、股骨	晚更新世
荔浦人	1961 年	中国	广西荔浦	牙齿	晚更新世
滨北人	1961 年—1962 年	日本	静冈县滨北	头骨片、肢骨片	晚更新世
峙峪人	1963 年	中国	山西朔县	枕骨	2.8 万年
新泰人	1966 年	中国	山东新泰	牙齿	玉木冰期
马尔莫斯人	1967 年	美国	马尔莫（Marmes）	头骨	1.1 万—1.3 万年
芒戈湖人	1968 年	澳大利亚	芒戈湖（Lake Mungo）	头骨	2.5 万—3.2 万年
科网沼泽人	1968 年	澳大利亚	科网沼泽（Kow Swamp）	40 个个体	1 万年
阿拉哈巴德人	1971 年	印度	阿拉哈巴德（Allahabad）		1 万年
左镇人	1972 年	中国	台湾台南左镇	头骨	2 万—3 万年
西畴人	1973 年	中国	云南西畴		

外 1 篇

悠长的岁月

Long years

我的童年

1908年11月25日，我出生在河北玉田县城北约7千米的小村庄——邢家坞。这个不足200户的村子，北临山丘，南望一片平原，土地贫瘠，村民的生活比较贫困。

据坟地碑文记载：我们贾家原籍河南省孟县朱家庄，在明代初期才迁移到邢家坞。

听老一辈人说，我的曾祖有兄弟二人，大曾祖父没有儿子，按我们家乡当时的规矩，需要把我二曾祖父的长子，即我的大祖父过继给大曾祖父。我的二祖父也没儿子，又从我三祖父一门中把我的父亲过继给二祖父。由于生活困难，在我很小的时候，我的父亲就只身到北京谋生。

我们村里有个叫宋竹君的，据说他是燕京大学的前身——汇文大学（后改为汇文中学）毕业，在北京英美烟公司任高级职员。经他介绍，我父亲也进了英美烟公司。父亲本名贾连弟，号荣斋。他的工作部门叫"调换处"，实际上是做一种广告性质的工作。人们只要能集到一定数量英美烟公司出品的香烟空纸盒或烟盒内的画片，就可以到调换处换取挂历、成套茶具及小玩艺儿等物品。

由于工作日渐起色，人来人往日渐增多，人们都习惯称父亲为荣斋，而他的本名反而没人叫了。当时父亲每月薪水18元，他自己省吃俭用，每月需花8元，其余10元就托人捎回老家，家中的日子自然好多了。

我家村后的东山上有两个山洞，一大一小，我常常跟着其他小孩到小洞里探洞玩。大洞深不可测，我们从不敢进去。有时用石头打成圆球，从山上往下滚着玩。想不到这在以后的工作中，对发现石球的打制过程和用途也有着很大的帮助。

在村北的小山下，还有一条南北向细长的水坑。这也是我们孩子常常光顾的地方。我们就在坑里洗澡、打水仗。我还常常到地里逮蝈蝈、捉蜻蜓和小鸟。在鸟中，我们最喜爱"红靛颏"或"蓝靛颏"，凡是我们网着的鸟，除了这两种，其余统统放生。当然我们小孩之间，也常常为逮鸟打架，母亲只是拉开了就完，最多打几下屁股。她不许骂人，骂人准挨一顿掸把子。

我外祖母家在门庄子，位于邢家坞村和玉田县城之间，地处平原，风光秀丽，也是个200多户的村子。外祖母住在村前街的西头路北，家中有五间北房。东侧有条路通往后街，小路东边有个数十米长、直通南北街的大水坑，水坑大小东西有三四十米。前街路南有一块菜园，冬季多种大白菜，夏天除种各种蔬菜外，还种甜瓜、西瓜等。外祖母家我也非常爱去，除了有水坑可以游泳外，更因为那块很大的菜园子，有很多好吃的瓜果和蔬菜，比邢家坞的菜多了很多，何况还有一个比我大13岁的表兄，他常带我去坑里摸鱼和捉螃蟹，又好玩又能解馋。

大约到了7岁，我在外祖母家开始上学了。当地没有学校，读的是私塾。所谓私塾，就是在老师家上课。老师教几个学生，屋里没有课桌，只有个方桌，炕上放个炕桌而已。教的是《三字经》《百家姓》《千字文》。我还记得，老师叫谷显荣。每天进老师家中第一件事，就是向孔子牌位行作揖礼，然后各就各位，背书或描红模子。学完了三本小书，又学了半本《论语》，谷老师因病去世了。我又到邻村跟一位叫李小辫子的老师学。当时已是民国，但他还是清朝打扮，留着辫子，所以当地人都叫他李小辫子，而不知他的大名。他对学生管得很严，背书背不下来或背错了，都要挨掸把子。他给我们讲的课文，我们听了虽然有时似懂非懂，但因怕挨打，背得都很熟。所以到现在什么"一去二三里，烟村四五家，亭台六七座，八九十枝花""松下问童子，言师采药去，只在此山中，云深不知处"，还仍然记得清清楚楚。

大约到了8岁，《四书》读完，又读了点《诗经》，我的外祖母也去世了。此时邢家坞也有了私塾，我又返回自己的家继续读书。

应该说，我识字的启蒙老师是我的母亲。我的母亲戴明，虽未上过学，但聪明而知晓大义。村里有个叫王雍的老头，识字最多，他看的小说也多。每到夏天，大家在一起乘凉，都会叫王雍讲故事。母亲常把听来的故事再讲给我听，都是一些"岳母刺字""精忠报国"之类，母亲一边讲一边教导我要学好人，不要做坏事。后来母亲对小说也着了迷，就借来看，不认识的字和不懂的地方就请教王雍，天长日久，也认识了很多字，就是不会写。到后来，她连不带标点的木版印刷的小说也能看得懂。

父亲在北京做事，家里有了活钱，生活自然好多了。母亲要求我穿戴不能与其他孩子有区别，我只比别的孩子多件内褂和内裤，外表仍是粗布衣裤。别人家的孩子在玩的时候都背着扒篓，边玩边拾柴，母亲也叫我背一个，不要求拾多少柴，就是不能比别人家的小孩有特殊感。这对我作用很大，以致后来，我对待他人，不管职位高低，都能一视同仁，这不能不说是母亲当年教育的结果。

虽然父亲每月捎钱来，但家里平时仍是早饭玉米糁粥加咸菜，午饭和晚饭是玉米面贴饼子加上一锅菜，有时是小米饭。当然过节和有客人来就不一样了。有时为了给祖父下酒，母亲炒个菜，祖父总想叫我一起吃，母亲反对说："小孩子家，吃喝时间长着呢！不在这一口两口。"过年时，客人给的压岁钱，都得如数上交，母亲又说："孩子花惯了钱对他一点好处也没有。"但过年的新衣、新鞋母亲总是早早就做好了，当然还有灯笼、鞭炮之类的玩艺儿。所以过年是小孩子最盼望的了。

我的童年是在农村度过的。虽然家境不是很宽裕，但童年的生活非常愉快，无忧无虑。至今我还常常回忆起来那时的情景。

断断续续的
学校生活

我13岁那年，正赶上直奉战争，奉军溃败，逃兵很多。他们仨一群俩一伙，到处抢劫，用他们的话说："打是米，骂是面，不打不骂小米干饭。"

在这兵荒马乱的年代，我父亲对家里很不放心，他抽时间回到家里探亲。一路上看到的和听到的都使他胆颤心惊。他决定不在乡间久留，便雇了两辆骡子拉的轿车（即车上装个布围子），带着我的祖母、母亲、姑母、我及妹妹一起，到北京暂时躲避。轿车每辆可乘4人，乘1人或乘4人都需花4块银元。平常从老家到北京需两天的时间，这次走了三天，因为怕碰上逃兵，我们有时只好绕着道走。途中的栈房（能停车辆的小旅店）都被兵占据，我们也只好借宿到百姓家里。当时的百姓家对往来客人借宿都很热情，供吃供住，但不当面收钱，客人要给钱也得给小孩，借给小孩买吃的为名，还了这份人情。否则人家说"我家不开店"，叫你下不了台。

进了朝阳门，到了崇文门外翟家口恒豫隆丝线店，已是掌灯时分。当时北京大多数人家还没装电灯，用的都是煤油灯。

我们的落脚处是父亲在我们来京之前预先托朋友找好的。这原是一家闲置的店铺，托恒豫隆代为照料。我们只占用了五间朝东的正房，其他房间还闲在那里。当时的人很迷信，住房子要看了风水才能决定，特别是作为买卖用的铺面房。我们临时租住的这家房子，因有人说里面不干净，闹过鬼，房子很难租出去。租不出去，还要花钱雇人看管，房东当然愿意有人租这房子住，这样证明里面没有鬼。我父母又是不信神不信鬼的人，即使旧历年节也没烧过香或祭过灶王爷。这事对双方当然都是再合适不过了。

这时，我父亲辞去了英美烟公司的工作，在前门外打磨厂集资开了一家商店——义兴合纸烟店。店子的主要股东是义兴合钱庄，经理是个叫史冠德的山西人。纸烟店就在钱庄的东隔壁。

虽说父亲辞去了英美烟公司的工作，与别人合伙开了纸烟店，但并没有完全脱离英美烟公司，专负责批发英美烟公司出产的纸烟。当时这类烟店，京城共有4家，分布在北京4个区，每区一家专卖店，出售不许越界。当然父亲的薪金也比过去多了，年终还能分到红利。

在京待了半年之久，地方上已经平静，老家中的叔叔来京接我祖母等人回家。我母亲陪着祖母、姑母及妹妹一行人又返回了邢家坞。

妹妹贾英伯在家时也读了很多书，且非常聪明，《诗经》背得很熟。她本想留下来和我一起在北京读书，但因家人一走，我父亲把原租住的房子退掉，在纸烟店我们爷俩合着住，妹妹留下来挤在一起不方便，所以她就和母亲一起返回了老家。

母亲走后，我和父亲住在纸烟店里，并和店里的伙计一起吃饭。父亲把我送到打磨厂小学读高小。国文（即语文）对我来说没有问题，但数学就困难了。在老家从未接触过阿拉伯数字，学起来非常吃力。有时还涉及地理以至物理、化学等知识，弄得我一点信心也没有，越学越没兴趣，最后还是离开了学校，在家请了一位先生为我补习。

父亲每天外出，我一人在店里，除了补习功课外也没其他事情可做，自己也不敢外出去玩，很是寂寞。就这样度过了一年多。这一年正赶上崇文门内以东的汇文高等小学校招生，父亲领我去投考，虽然除国文外其他各门较差，但经过一年多的补习，居然被录取了。我心里明白，这只是凭着运气，而不是凭着学到的知识。果不其然，第二年就留了级。对我来说，留级不是什么坏事，从头再开始，学起来就省力多了。课能听得懂，成绩跟得上，学起来就感到有味道，就这样一直在汇文学校到1929年高中毕业。

为了上学方便，父亲带着我从义兴合商号搬到了东城江擦胡同宋竹君家居住，父亲每月付给他一些费用。宋竹君是英美烟公司的高级职员，也是介绍我父亲进英美烟公司工作的人。后来他染上了吸食鸦片的恶习，弄得家境败落，我也不得不离开他家，搬到汇文学校住宿。听说宋竹君抽不起大烟，改抽白面儿，最后是家败人亡。

　　由于时间久远，汇文的住宿费记不清了，但我还记得伙食费分两种：一种伙食费较高，当然吃得也好，大约每月6块银元；一种次一点，粗粮较多，平时菜里很少有肉，只到星期天改善一下伙食。我记得伙食费是父亲领我去交的。收费人说："差不了几个钱，还是叫孩子吃好的吧。"我父亲说："还是次一等的吧，不在乎几个钱。小孩不能惯，不能叫他与别人家攀比。"我心里虽不愿意，也只好听从。当然这为我以后不挑吃喝，对在野外吃好吃坏不以为意打下了基础，这也不能不说是父母苦心教育的结果。

考上练习生

母亲回到老家后，祖父、祖母相继过世。这时我正在汇文读高小。北京4个区的英美烟公司的买办王兰（字者香）在骡马市一带建了一家独营店。我父亲又回到了英美烟公司（后改为颐中烟公司），职务为"段长"，比在调换处高了一等。工作是了解市面上纸烟销售情况，招揽广告生意，每月的收入达到了四五十元。此时我父亲在崇文门外南五老胡同也租了房子，因为没人照顾，就把母亲从老家接了来。我当然也不用住校了，回家来住不但能吃得好，也能省几个钱。

父亲的收入虽然增加了，但应酬也多了起来，每月收入所剩无几。我读到高中毕业，父亲没钱供我上大学了。此时我正当21岁，由父母做主结了婚。妻子叫王栖桐，与我同岁，是玉田县青庄坞人。她人品好，为人热诚。由于在农村长大，没机会学习文化，虽然很聪慧，但底子差，读书很吃力，她对读书的兴趣越来越没有了。但她一生中担负起了照顾公婆和子女的重担。

我在北京上学，学到了很多知识，开阔了眼界。当时，几位大文学家提倡白话文，虽然有不少人反对，但毕竟白话文逐渐占了上风。同时，新的思想也起来冲击旧的封建思想。旧式的婚姻，我是反对的。我和妻子之间没有感情基础，再者我还没有工作，不曾立业，结婚生儿育女就会加重父亲的负担，所以我极力反对这门婚事。但母亲为此哭过几次，最后我也只好投降。

婚后一年多，我的大女儿出世了。家里添了人口，虽然大家都很高兴，但我心里更加着急，总为自己不能挣钱养家，觉得心中有愧。

我的一位中学同学曾要我跟他一起到外地报考邮政局的工作。我思想上有点活动，但母亲听说后，坚决反对，我只好作罢。怎么办呢？这时我只想多学点知识，等待出路。于是，从1930年起我经常去图书馆看书。

北京图书馆内无偿地供给白开水，有时我带着馒头夹咸菜，一去就是一天。开始看书没什么规律，逮住什么看什么，后来对《科学》《旅行杂志》之类的有关自然科学方面的杂志和书籍越来越感兴趣。我不但看，还把感兴趣的地方抄录下来。有时也到旧书摊去浏览，看到便宜的书也会买回来。我对所看过的书都认真做了笔记，不知不觉，一年过来也学到了很多东西。

玉田县狼虎庄有位名高焕、字灿章的人，是我的一个表弟。他经常来北京，每次来都住在我家里，几乎成了我家的一员。我的孩子也很喜欢他，因为他一来京，就常带孩子们出去玩。崇文门瓮圈的内侧有一家恒兴缸店，是他经常光顾的地方，因为他在这家缸店有股份。恒兴缸店的掌柜姓裴，就是1929年12月发现第一个北京人头盖骨而闻名于世的裴文中（1904—1982）先生的侄子。虽然裴掌柜辈小，但岁数不小，比裴文中年岁大得多。裴文中先生也常去缸店串门，和我的表弟时常见面，彼此很熟。

　　1931年春，他们在缸店又见面了。他们一边喝茶，一边聊天，闲谈中，我的表弟提到我闲在家里没事可做，只闷头读书。裴文中一听，说中国地质调查所正在招考练习生，不妨叫他去试试。高焕回来一说，全家都很高兴，因为这样既有了工作，还可以不出北京。

　　我风风火火地跑到了西四兵马司9号的中国地质调查所报了名。考试那天，主考的是地质陈列馆的负责人徐光熙先生。不曾想我在家中自学的知识竟派上了用场，我以优异的成绩被录取了。

　　上班后，我被分配到新生代研究室做练习生。和我同时来到新生代研究室的还有一位青年卞美年先生，他长我半年，是燕京大学的毕业生，学的是地质和生物。他是由他的老师——

英国地貌学家、燕京大学教授巴尔博（B·Barbaur）介绍来的。他是练习员，我是练习生；他是大学毕业，我是高中毕业。他学历和职称都比我高，但他为人厚道，平易近人，我们很快就熟识了。在以后的工作中，他处处帮助我，指导我。至今我俩还是非常要好的朋友。

当时新生代研究室有两处工作地点：一处是西四兵马司9号；一处在东单北大街路西的北平协和医学院娄公楼106室和108室。106室是裴文中先生的办公室，108室除杨钟健先生外，还有十几名工人在修理化石。上班那天，我俩先见了杨钟健和裴文中俩先生。他们言谈很和善，没有什么架子，使我们紧张的心情，松快了许多。

上班初期，我们没有一下子进入工作，因为杨钟健叫我俩先和大家彼此认识，熟悉一下工作环境。每天上午杨、裴都要到西四兵马司去。

一天，我和卞美年正在娄公楼108室聊天，卞美年给我讲古代生物化石的知识。这时，走进了一位身材矮小、身着长袍的人，他在屋内转了一圈就走了。我俩不认识他，也没有跟他打招呼。

第二天，杨钟健见到我们，说那是所长翁文灏（1889—1971），他叫你们俩明天上午去见他。我和卞美年心里一惊，感到对所长失了礼，心里直打鼓。

第二天上午，我俩按时来到了西四兵马司9号中国地质调查所，杨钟健已在那里等候我们。杨钟健是新生代研究室的副主任，是我俩的领导。他把我俩领到二楼东南角翁所长办公室的门前，先带着卞去见所长。我在门外等候，心里就像"十五只吊桶打水——七上八下"，怎么也控制不住。没多久，卞美年出来了。由于翁所长有事，召见我改在下午。我问卞美年："所长跟你说了些什么？""他就问我学什么的，认不认识角砾岩？我说认识，我是学地质的。他又问了一些地质学上的问题，我都回答了。别的没再问什么。""提到前天上午在办公室我们为什么没理他吗？""没有，他说地质调查所添丁加口是好事，所以他要接见我们。"下午，翁所长召见了我。见面时，我仍然很紧张。翁先生先问了我家里的情况，我一一如实回答了。最后他问："这种工作很苦很累，你为什么要干这个呢？"我不假思索地说："为了吃饭。"翁所长听后，忽然大笑了起来："说实话好，好好干吧！"召见很快就结束了。谈话虽然很短，不曾想，翁的一笑，决定了我的终身。

第二天，裴文中通知我们回家准备好自己的行李。两天后，卞美年和我还有王存义先生就随裴文中去了周口店。我的工作也正式开始了，那就是协助裴文中在周口店搞发掘。

难忘的升级考试

1933年年初的一天，我在西四兵马司的办公室整理标本。忽然杨钟健把我叫去，给了我一个大纸盒，里面装的都是哺乳动物的牙齿，他要我鉴定后，再写好标签给他。

我抱着纸盒回到自己的办公桌前。我认为这个工作很容易，因为这些牙齿中有许多是来自周口店第1地点（即北京人化石产地）。其他地点的牙齿鉴定虽然有些困难，但也能鉴定出个大概。

两天后，我把鉴定好的牙齿交给了杨先生，他一看就火了："这叫什么东西，我要的不是中文标签，是拉丁文的。重新来，写好了再给我！"好嘛！给我来个大窝脖儿。我做了个鬼脸，赶忙抱着纸盒跑回了自己的办公室。

经过两年的挖掘锻炼，我从书本上学到了不少。我经常帮助杨、裴二位先生打英文稿件，稿件中一些拉丁文名称，我不但做了记录，也背熟了很多。北京人产地发现的材料，我都一一摸过，对它们的颜色、分量也大致了解，只是材料编号很乱，有些编号还需再搞清楚。这回我更加细心，花了3天时间，重新鉴定牙齿，并一一打出拉丁文名称和编号。当我再次把大纸盒交到杨先生手里时，他仔细检查，然后高兴地笑了。

又过了一天，卞美年告诉我："杨先生是在考你。告诉你吧，你要升级了。因为我听到头头们对你的学习和工作倍加赞赏。"果不其然，不久我就从练习生升为练习员（相当于大学毕业生）。当消息传开，一些地质调查所的大学毕业生对我说："你赚大发了，高中毕业才两年，就跟我们一样了。"我心里很明白，知识是自己努力学习得来的，靠占小便宜学不到。要想学有所为，自己还得刻苦努力。这次占点小便宜也是不懂就问的结果。

5月13日早晨，我随杨钟健、德日进、裴文中一起到达周口店。当天下午就讨论本年度的发掘计划，最后决定放弃东山坡，集中发掘山顶洞。如果山顶洞收获不大，还有时间改挖其他地点。这次的目的是寻找人类在发展过程中的缺环。

自1929年12月2日裴文中发现了第一个北京人头盖骨之后，为了了解北京人化石堆积和分布的情况，1930年裴文中已经清理了龙骨山北坡的地面。他把杂草和乱石都清理得差不多了。在龙骨山北坡，含北京人化石堆积，东西方向的巨大洞穴靠近南洞壁的上部，发现了这个山洞，我们给它起名叫山顶洞。它以前被杂草和乱石掩盖，没被发现。洞里的堆积呈灰色，地层较松软。杨、裴两先生估计，如果山顶洞里发现人类化石，其时代也比北京人晚，也只是代表人类在发展过程中的一个缺环。计划定下来后，还有一些细节需向上级请示。15日杨、德、裴返回北平，留下的人利用这段时间，清理北京人化石产地两端，即山神庙以东一带的地表。19日裴回到周口店，我们商量了发掘步骤，第三天正式发掘开始了。

最初山顶洞外露的空隙不大，洞口朝北偏东方向，很窄。洞内南北向，像条甬道，北边约3米宽，南边最宽有8米，形状像一个火腿。原来东半部的洞顶已经风化破碎，被拆除了。发掘仍采用分格的方法，每格定为半米，每个水平层也是半米。我们绘制了1：50的平面图和剖面图，以备往图上填发现的记录。就在这一年，又规定了每日在固定时间内，在发掘地点的东、西、南三面各照相片一张，作为原始记录。

由于裴、卞需经常回北平写论文，绘制平面图、剖面图和照相的任务都交给了我，所以我还必须学会照相。他们也常来常往，我有了重要发现就报告给他们。

我这个刚刚升为练习员的"先生"，除了跑地点、查看发掘情况、做记录、照相、填日报（每天发现的东西都要填写日报）外，还要采购发掘物品、给工人做工资表、发工资等等。这些差事统统压在我肩上，每天我忙得脚丫子朝天。就是这样，我还给自己加任务，每天读几页奥斯朋的《旧石器时代人类》。

学会"四条腿走路"

最初的发掘只限于山顶洞的洞口部分及以南被拆除的洞顶的东半部。在洞口附近发现很多兔化石，还有从洞顶塌落的碎石和少许碎骨片。骨片上有人工打击的痕迹。在灰烬层中发现了被烧过而变黑、变蓝或变白的骨片。东半部的化石比洞口附近还丰富，以鹿类化石为最多，并有完整骨架出现。此外还发现将要出生的婴儿头骨碎片和人类的牙齿、一小部分躯干骨、石器、骨器和装饰品。最引人注意的是一枚骨针，它有人的中指一般长，火柴棍粗细，一头很尖，一头带孔，稍稍弯曲。可惜针孔部分原来就破裂了。骨针的发现，足以证明当时人类已穿上缝制的皮衣了。

发掘到洞的西半部时，又发现了一个洞穴，内中的堆积与东部相连，说明它们原为一个洞穴。在这个新发现的洞内，发现的文化也很完整，有兔、鹿、鬣狗、獾和虎的化石，大部分是完整的骨架。

一有材料发现，裴文中就亲自坐镇。他每天上下午都在现场，嘱咐大家要小心，不要挖坏和丢失材料。装饰品尤其如此，它们体积很小，极易丢掉。一些发现的装饰品，都保存在裴文中的文件柜里，有时我还请他拿出来欣赏，过过眼瘾。

11月间，在有洞顶部分的洞穴堆积的两侧遇到了一个向下伸展的陡坎，在陡坎之下半米深处，发现了完整的人头骨3个、躯干骨一部分。在躯干骨之下有赤铁矿粉粒，还有装饰品和石器。我国很多地方都有埋葬死者时洒赤铁矿粉的习惯。人头骨的发现，说明我们真正扒了祖坟。

1934年春季，我们继续挖。在西部堆积的最下部，发现了大量的食肉类动物化石，这些动物的骨架是重叠在一起的。在最下部的红色土层中，发现了一块人的上腭骨，与北京人的很相似。这段时间里，除了发现这点人的材料外，再没有什么新的文化遗物发现。至此山顶洞的发掘工作停止了。

在山顶洞发现的人类头骨和现代人的头骨相比，没什么明显差异。我们发现的所有人的材料中，连残破的都计算在内，经魏敦瑞观察和研究，共有7个个体，其中有男性老人、女性青年、不知性别的少年和婴儿。他们都属于黄种人。山顶洞中发现的石器和骨器很少，至今也没有人做出满意的解释。

在山顶洞的堆积中发现了大量的装饰品，这些装饰品中，狐和獾的犬齿最多，鹿和野狸的次之，虎的门齿最少。这些牙齿的齿根上都钻有孔，而且是两面对钻的。这类牙齿共发现了

125颗之多，几乎各层都有发现。

除此之外，我们在一个女性头骨外包裹着的土中，还清理出7颗石珠。石珠比莲子稍大，是用石灰岩制成的，它一面磨平，一面微凸，边缘有敲击的痕迹，中间也有钻孔。还有一件钻了孔的扁而长的小砾石。另外还发现了4个长短不同的骨管，骨管有钢笔粗细，表面刻有沟槽。堆积中还发现了3个海蚶壳及一个青鱼的上眼骨。在海蚶壳绞合部附近凸缘部磨穿的孔较大，而青鱼眼骨边缘钻的孔很小。这些材料的发现，都证明了早在1万多年前，生活在山顶洞的人们，已经懂得美，并非常爱美。他（她）们用项饰、头饰和身上的佩饰来打扮自己，所用的钻孔工具和技术也非常高明。

除了上述的人类材料、脊椎动物化石材料、装饰物外，我们还发现了鲕状赤铁矿碎块，其中有两块似人工从中间剖开，还可以合在一起。它们表面有并行的纹道，表明当时的人从上刮下粉屑，当作颜色使用。因为我们发现一块椭圆形砾石，表面被染成了红色。另有一块鲕状赤铁矿碎块，一头磨得很圆滑，很可能它被当作画笔使用过。不过，我们还没发现过壁画之类的痕迹。

上述发现，证明当时的山顶洞人能用高超的工具和技术，在动物的牙齿、骨骼上钻孔，制成装饰品来打扮自己，满足爱美之心；能用动物的细骨制成骨针，缝制御寒兽皮衣；能用鲕

状赤铁矿碎石制作颜色或当"画笔"。

当然还有很多疑问难以解释，例如：缝制皮衣的线或穿装饰物的线是用什么做的？鲕状赤铁矿产地在北京西北的宣化，离北京有100多千米，山顶洞人的活动范围有那么远吗？海蚶壳产于沿海一带，他们是怎样弄到这些海蚶壳的呢？这些疑问，裴文中先生也没能解释，他只是认为山顶洞人当时活动的范围很广。

这些疑问，也常常在我脑海中徘徊，一时不得其解。40年代，李捷先生任河北省建设厅厅长，他的得力助手钱信忠先生曾对我说，在离南苑不远的地方，钻探地下不太深即遇到了海相粗大的石英砂粒，证明北京很早曾是个海湾，且成陆很晚。所以，有可能海蚶壳产地离周口店很近。

在北京人遗址下部，我们采到了一块带窝槽的圆形砾石。它有拳头大小，石质为细砂岩，窝槽周围有压出来的痕迹。后来地质学家王曰伦先生（1903—1981）到周口店参观，经他查看，认为该压坑是冰川造成的。他带着我在周口店一带寻找冰川遗迹。经他指点，在沿着西山根以北约1千米处，我们发现了数米长、两米宽的羊背石。

羊背石是冰川滑动过程中形成的，它的形状像羊背，羊背石的上面有冰川移动后产生的划痕。以后，我又把这块有压坑的砾石给地质学家李四光先生（1889—1971）看，他也确定压坑是冰川造成的无疑。他把这块标本留了下来，说："如果有人反对周口店有过冰川，我就拿这块标本给他看。"

后来裴文中、刘东生、汤英俊等又前往调查，在周口店西南太平山坡下的砾石层中发现了几块赤铁矿石，这证明山顶洞人使用的鲕状铁矿石，也是由于冰川运动而带到山顶洞附近的。那么，山顶洞人缝衣服和穿装饰物的线是用什么做的呢？用植物纤维不成，孔太小，纤维一抻就断。20世纪50年代后期，文物管理学家王冶秋先生曾将一把像生丝一样的东西拿给我看，并问我是何物。我看了半天也说不出来。他说："这是黑龙江鄂伦春或赫哲族人缝缀皮衣用的线。"我在1976年唐山大地震时，也曾去过黑龙江十八站——那里正是他们生活的地方——曾得到过几根这种既坚韧又半透明的细线。

当地人把猎来的驼鹿，在靠近脊椎处将两条肉割下，晒成半干，然后用锤砸。干肉被去掉后再梳洗几遍，就可以制成这样的线。山顶洞人很有可能也是用这样的方法制出缝皮衣和穿装饰物的线的。如果真是如此，说明这种线起源很早。

两年多来，我有了长足的进步。这一方面来自实践，一方面来自书本。我已养成习惯，不管多忙，也要看书和阅读专家们写的文章，并认真做泛读笔记。正像杨钟健先生对我说的那样："搞学问就像滚雪球，越滚越大。"我就是这么做的，所以我对它的体会最深。

杨钟健还对我说："搞我们这行，要'四条腿走路'。这四条腿就是'古人类学''古哺乳动物学''旧石器考古学'和'地层学'。"他所说的四条腿走路，虽然只有五个字，但给我以后的学习和工作指明了方向。今天看来，他的话对我们研究所和搞这行的人来说，也具有深刻的意义和影响。

广西探洞寻"巨猿"

我们既不会"神机妙算"又没有"特异功能"，只能凭着别人给我们提供的线索，去寻找我们需要研究的对象。

以前老百姓没有哺乳动物化石这方面的知识，但你要说"龙骨"，他们大多数人，包括小孩子都知道。当时各地的一些民众把挖"龙骨"作为副业。在西北地区，每年挖出的"龙骨"至少有数十万斤之多。"龙骨"被收购站收购后，再销往中国香港、东南亚地区及世界各国。许多华人都有把"龙骨"当中药吃的习惯。其实"龙骨"就是我们所说的哺乳动物化石。中药中的"龙骨""龙齿"（即哺乳动物的牙齿）完全可以用牡蛎壳代替，但中医大夫们仍喜欢用"龙骨"。

20世纪30年代，德籍荷兰的古人类学家孔尼华曾来华，他把在香港和广州中药铺里买到的三颗巨大的猿牙齿给魏敦瑞看，孔尼华将此类猿命名为"巨猿"。巨猿牙齿很大，与现代人的牙齿相比，几乎大四倍。魏敦瑞很吃惊，他看了很久，越看越觉得像人的牙齿。后来两人又把"巨猿"的学名改为"巨人"。这么大的猿原生存在何处呢？孔尼华认为在华南，因为他是在香港和广州买到其牙齿的。

我们虽然对"巨猿"极感兴趣，但不知到哪里去找。华南地区太大啦！事有凑巧，我们接到了广西某县一位中学老师的来信，信中说：他们在山洞里刨出了许多化石，希望我们派人去了解，看看是何物。这一下我们有了目标。过去也听说广西的龙骨很多，何不把广西作为突破口呢？一下子我们又兴奋起来。此时，裴文中已由国家文物局回到我们研究室，因此由他担任队长，我担任副队长，组成了调查队。前往广西调查时，我们研究室差不多是倾巢而出。我记得参加的人员有黄万波、韩德芬（女）、张森水、王存义、许香亭（女）、乔全芳、乔歧、柴凤歧等人，还有北京大学的吕遵谔和广西博物馆的何乃汉等先生和女士。

1956年年初，以裴文中先生为首的"巨猿考察队"开赴广西。大家爬山，钻洞。我们的工作得到了自治区政府的大力支持，工作进行得很顺利。一位王厅长也和我们一起钻了许多洞。虽然我们找到了很多哺乳动物化石，但最终的目标——"巨猿"连个影子也没见到。

1956年初春，考察队到了柳州，我们到处爬山，钻洞。在柳州西南12千米的公路旁、白面山的南麓发现了白莲洞。白莲洞洞口高出地面20多米，因洞口正中有一块形似莲花蓓蕾的白色钟乳石而得名。柳州地区的石灰岩的岩溶现象十分壮观，山上溶洞很多，洞内的堆积丰富。当地农民常到洞内挖取"岩泥"作肥料。

我们在洞内被扰乱了的堆积中，发现了很多软体动物壳和少量鹿牙化石。值得一提的是，我们发现了一件扁尖的骨锥和一件粗制的骨针，可惜针身都已残破。另外还有4件石器，它们都是由砾石打击而成，其锋利的刃口可作砍斫之用。经我和邱中郎鉴定，该石器属于旧石器时代晚期。后来，白莲洞受到北京自然博物馆周国兴和柳州市的易光远等先生的重视，他们进行了大规模的发掘，收获很大。在这个洞穴里的不同地层中，他们发现了不同时代的材料，从旧石器时代到新石器时代都有。

除白莲洞外，我们在柳州市木罗山思多屯的一个山洞内，在因挖"岩泥"而遭毁坏的残余堆积中，发现了螺壳和一件经人工多次打击才从石核上打下来的燧石石片。在柳州西南的柳江县进德乡的一个南北穿通的洞内堆积中，下层找到了剑齿象化石，上层找到了螺壳、介壳层石器。

虽然有收获，但我们是来找"巨猿"的，没见到原生层位的"巨猿"化石，也不能算有成果。

在南宁，我们跑到供销合作社去看他们收购来的"龙骨"和"龙齿"，在成堆、成麻袋的"龙骨"中，还真见到了"巨猿"的牙齿。"巨猿"的牙齿很好辨认，因为它在猿类牙齿中算是最大的，牙瓷很厚，表面光滑，对着光看还有微红色的闪光，光润耀眼，好像宝石，煞是好看。在成堆、成麻袋的"龙骨"中找到"巨猿"牙齿，使我们像"他乡遇故知"那样高兴。大家都感到广西就是"巨猿"的家乡，我们的估计没错。

当问这些"龙骨"来自何处时，又使我们傻了眼。因为他们把收购来的"龙骨"都堆在了一起，然后装入麻袋运往外地。"巨猿"的线索又没有了，我们很失望。此时，裴文中提议，把现有的人分成两队，一队由他率领到南宁以北的地带寻找；一队由我率领往南宁以南的地区搜寻。

在我们往南搜索的小组里，我记得有吕遵谔、何乃汉、王存义、乔歧、柴凤歧等人。我们在南宁时，曾到中药店询问过，据说崇左县境内产"龙骨"。所以我们这一小队就乘火车直奔了崇左，然后再从崇左往北返回，各处钻洞寻找。

2月初，到了崇左。我们仍到供销合作社先去挑选我们需要的"巨猿"化石。还真找到了好几颗"巨猿"牙齿。我们向他们询问"龙骨"来源，才知道这几颗"巨猿"牙齿并非本地所产，而是来自大新县。我们听不懂当地话。幸亏崇左县政府派了一名干部协助我们工作，又有何乃汉先生，通过他们两人的翻译，我们才弄清楚"巨猿"的产地。

由崇左到大新，通车的地方乘汽车，不通车的地方我们就靠两条腿。步行时，行李带得很多，成了我们的累赘。每天外出，爬山、钻洞、行路、找住所，整理行装是很大的麻烦事。当时的条件没法和今天相比。不过，在当地找个挑担子的人帮助挑东西倒很容易。那时在城里还能经常看到手拄着扁担找活干的人，而且大多是妇女。

2月9日，我们到了大新县政府所在地——新和街。县政府很快为我们安置好了住所。我们迫不及待地又找到收购站。从这个收购站里不但找到了不少"巨猿"牙齿，最可喜的是我们知道了这些化石的产地——榄圩区正隆乡那隆屯。目标缩小到一个村，大家当然很高兴，深信"巨猿"的出处，很快就会弄个水落石出。

2月15日，我们到了那隆屯。虽然路不算远，但因下着小雨，又是步行，所以傍晚才到达。屯子坐落在一个四周环山的山谷里，周围有牛睡山、乌猿山、谢山、尾塘山。屯子不大，只有70多户人家。村民看上去非常朴实。

第二天，虽然仍在下雨，我们还是拿着从大新供销合作社买来的"巨猿"牙齿，挨门挨户地向村民们询问。当我们走进一位老大娘的家门时，还没来得及寒暄，一个小男孩就拿出了一个装有"龙骨"的笸箩给我们看。啊，在这个笸箩里就有"巨猿"的牙齿。当我们把它拿在手里，激动得手都有点发抖。我们的心血没白费，多日的追踪，总算有了眉目。小男孩是老大娘的孙子，约有十来岁。我问他这些东西是从哪里弄来的？他用手往屋后一指："就在那个山头上。"

午饭过后，雨稍小了点，但仍哩哩啦啦地下着。我们登上了小男孩所指的那座山。这山当地人称为岜（音bā）磨弄山（汉语为牛睡山），山上的洞穴名为黑洞。山很陡峭，洞口离地约有100米左右，从山下看得清清楚楚。

我们拽着树棵儿，费了很大劲才爬到洞口。洞不深，总长20多米，从洞口往里是一条窄道，走到尽头才开扩成室。含化石的堆积，在尽头还保留了一部分，其余的都被村民挖光了。我和吕遵谔凭着一个皮尺、一个指北针和一根竹竿，一边测量，一边绘制平面图和洞的轮廓图。其余的人进行发掘。

洞中的堆积可分为两层，上层为石笋胶结的黄色硬堆积；下层为不很胶结的蒜瓣状的红色黏土。就在下层的上部分，我们发现了"巨猿"的牙齿。这是我们长途跋涉，经过了40天的努力，亲手从原生堆积中找到的"巨猿"材料。我们找到了"巨猿"的"家"。

找到了"巨猿"化石，大家也暂时忘却了苦和累。累不必说了，就说苦，那还真苦。屯子里缺少饮水，人和牲口都吃一个坑里的水。把水烧开了也觉得咸涩难咽。可是当地群众不就是这样生活嘛。再说耗子到处都是，特别是夜里到处乱窜，睡觉时，耗子在身上跑来跑去。有时用手巾包裹好、准备第二外出时带的干粮，早起一看没了。都是该死的耗子给拉走了，我们每个人都气鼓鼓的没有办法。再有这里的毒蛇很多，我们外出都结伴而行。一手拿着手电筒，一手拿着木棍，边走边划拉草，为的是"打草惊蛇"。夜里连外出小解，都叫个同伴。起夜太勤的人则觉得困难。而我们就是在这样的环境下工作了一段时间，才返回南宁。回南宁前，我们给裴文中拍了电报，又写了一封信，把我们的发现经过说了，促使他们那个队的人努力。裴文中带领的北队也获得了丰收。柳城县长曹乡新社中村的农民覃秀怀，在一个山洞里挖岩泥时，挖出了许多"龙骨"，引起了洛满人民银行韦耀社的注意。他认为这些"龙骨"很有科学研究价值，要覃秀怀把这些东西捐献给政府。

这些材料送到了南宁广西博物馆。广西壮族自治区文化局将标本交给了裴文中。这是一个"巨猿"的下颌骨。裴文中在广西壮族自治区文化局、柳州市文化局和柳城县文教科的帮助下，找到了覃秀怀。在他的指引下，在柳城县长曹乡新社中村之南约半千米的楞寨山上，找到了发现"巨猿"下颌骨的山洞——硝岩洞。此后，裴文中先生再次到广西，带领柴凤歧等人继续发掘，从中又发现了两个下颌骨和若干个牙齿。这些材料经吴汝康先生研究，仍用孔尼华定的学名——"巨猿"。从齿面上看，它具有很多人的性质，我认为魏敦瑞和孔尼华改为"巨人"的意见也应考虑。这次广西之行，可以说成绩斐然。

河西之行

我首次到甘肃河西走廊的戈壁滩去考古是在1948年，至今事隔近50年，那时的条件，远非今日可比。

1947年，裴文中先生到甘肃和青海考察。裴文中认为东西方文化的交流，那一带是必经之路，历史上如此，史前也不能例外。这一观点得到了中央地质调查所所长李春昱、北平分所所长高平、西北分所所长王曰伦等人的支持。

1948年，在一位不愿意透露姓名的人的资助下，我们成立了"河西考古队"。裴文中任队长，我和西北分所的米泰恒分别任发掘组和调查组组长。北平分所的刘宪亭也参加了。裴文中先行了几天，我和刘宪亭是乘军用飞机后赶到兰州的。坐这种飞机，真要有点本事。因为飞机不密封，座位又是帆布兜，飞到空中，氧气一少，人难受得很。每到一站，我们都躺在地上大口大口喘气，得机会休息一下，恨不能在地上把氧吸足再起飞。一旦上了天，又开始难受。就这样我们熬到了兰州。

这个考古队，除了我们地质部门四个人外，还有兰州大学武律和西北师范学院的孔宪武、刘天民等教授同行。他们是为考察地理和植物去的。虽然工作不同，但表面上仍是一个综合性质的考察团。由于老地质调查所所长翁文灏的关系（已任国民党行政院院长），我们到了兰州后，得到了张治中将军的支持，他为我们派了军用卡车和司机。所到各地都得到军方照顾，配有马匹供我们骑用。

7月16日我们从兰州出发。此次考察，预先没有规定路线，只是沿甘新公路一直西行，随时搜索古人类留下的遗迹。每到一处，除向当地村民了解情况外，就是无目的地到处跑，不想还有了游览"黑水国"的机会。

"黑水国"在张掖县城西15千米。据当地人说"黑水国"就是《西游记》中的女儿国。甘新公路横穿"黑水国"中心，但大部分黑水国"国土"分布在黑水河西岸。黑水河又名弱水，源于青海北部。这条河是有名的河西走廊的一条大沟。沿河一带有许多绿洲，河流两岸盛产大米，闻名于河西一带。虽然我们一点也看不到《西游记》中的"女儿国"的蛛丝马迹，但这里确实比较繁荣。

到了黑水桥畔，我们兵分两路，一队由裴文中和米泰恒率领沿公路之南考察，我和刘宪亭等人沿公路之北随走随搜索。我们翻过了十余座沙丘，在一座沙丘的背后发现了一个台地。台地土呈红色，上面到处是砖头和陶片。砖有黑、红两种，黑色的硬如岩石，敲击如磬。今日的砖远不能与之相比，它有点像民勤县（在张掖县以北）的"铁砖"。陶片呈深灰色，从花纹及式样上看似汉代遗物。往北百余米碎砖很多，有的堆在一起，像坍塌的建筑物。再往北200多米，砖头越来越少，像是遗址的边界。忽然我们听到米泰恒"呵呵"的喊声，知道他们在那边也有了发现。我们跑过去一看，也是砖头和陶片，和我们发现的没什么两样。裴先生俯着身子捡拾着东西，米泰恒拿出了带绳纹的陶片和一片残石刀给我们看。看到这些汉代或汉代之前的遗物，我们也产生了兴趣。

从公路往南约半里路，碎砖极少，而整砖很多，都是黑色的，表面被风吹得很光滑，有如水磨的一样，棱角的地方都发亮。砖的大小与现在的砖差不多，只稍厚一点，且砖的一端有一个圆形凸起，另一端是一个凹坑，无疑这是砖的榫口。虽然我们对这些遗物也感兴趣，但那不是我们考察的目标，我们只做了详细记载。再往南50米，有一堆细沙，它的周围除了碎砖和陶片外，还掺杂着"打击石器"。"打击石器"是用砂岩制作的，虽然制造简单，但第二步加工（即把一块从石核上打击下来的石片，经过再加工打击修理成适手的工具）很清楚。毫无疑问，这是人工制造的石器，但时代很晚。这类的石器在这里分布很广，其中还有1件磨光钻孔的石片。

距黑水桥西南约2千米的地方，有一个废城址。孔宪武先生曾去过，所以他一说，我们大家都有兴趣前往一游。下午3时，大家穿过公路往西南行走。一路上遍地是荒沙，星星点点生长着一些蓼科植物。在细沙上行走如脚踏海绵。离开黑水桥半千米，砖头、陶片逐渐减少，这证明汉代前的遗址是以黑水河以南300米为其中心地带，分布的范围也在200米之内。绕过一座较大的沙丘，就看见了废城址。城的周围已被沙子埋没，尤以西北两面最为厉害。我们从城的西北角的沙堆上爬进城去，这里的城墙保存尚好，仍可以看出它的原貌。城内，砖头、瓦片到处皆是，其中还有黑黝黝的瓷片，证明这是唐代以后的建筑。城只有东门，砖砌的城瓮已被风吹成长短不齐的锯齿状。城址呈方形，南北长约240米。城内房屋建筑虽不存在了，但可以看出南北、东西的街道仍保存得很好。据说，修理公路时用的砖就是从这里取材的。

8月1日我们一行到了酒泉。调查地理的人要去金塔县鸳鸯池走一趟。鸳鸯池水库，在当时的中国算是最大的水利工程之一。从酒泉到金塔县有一条比较大的河，名为临水，又叫大北河。大北河发源于祁连山，经酒泉、金塔县到鼎新县城西与弱水汇合流入居延海。我们也想调查这一带有没有史前人类的足迹和居住过的遗迹，所以也同他们一同前往。

酒泉古时名叫肃州。据《酒泉县要览》记载，酒泉古为雍州之域，周衰沦戎狄，秦为月氏国，汉武帝元狩二年开河西置酒泉郡以通西域。"酒泉"地名之由来，是因城东郊约半千米有一眼泉水。泉虽不大，但清澈见底，水质甘甜。当地传说，古代有位官吏到此驻边，一天将皇家慰劳的好酒数坛倾倒泉中，叫人随心饮用，以示与民共享之意。后来人们把这眼泉水叫作酒泉。今天，这眼泉水的周围，种花移木，修亭筑阁，经多次改建，已成为了"金湖公园"，成了一个消夏胜地。

有名的老君庙油矿在酒泉之西84千米，油矿上的8000多名员工的日用品，大部分依赖酒泉供应。石油公司在酒泉设有办事处，所以酒泉也日加繁荣。比起"金张掖""银武威"要繁华多了。但酒泉的饭馆50年前远不如武威，价贵而且很脏。当时的齐鲁菜社和金陵菜社在当地很有名声，每盘菜里吃出几只苍蝇是很不以为奇的事。

金塔县，因附近有个金塔寺而得名，民国三年（1914年）改称此名。县城很小，每边不足半里路。土质的城墙有两米厚。县的北方有个叫遮虏障的地方，据说是李陵和单于决战的地点。我们在那里没有找到什么遗迹和遗物。

从酒泉西行25千米就是嘉峪关。这一地带南北两山相距很近，形成了一条极窄的狭地，地势险要，是进入新疆的咽喉。狭地南达红山祁连，北依黑山牌楼，关居中央。因关北的平冈有嘉峪山，故称嘉峪关。它建于明洪武五年，是边防要地。

我们这支考察队于8月5日由酒泉前往老君庙，得到了游览所谓"雄关巍峨，金汤可守"的嘉峪关的机会。由公路到关前，有一片湿草地，汽车不能再开，我们只得踏着地埂步行了。关的东门分内外两门，外门名朝宗，内门名光化。两门均被保长锁闭，不能入内。我们中的一个人从门的下缝中爬到里面，又用挖化石的钢钎把门撬开而入。这也是不得已的办法。参观完毕，又从原路退出，顺着城南墙绕到西门。此门才是关的主门，门上题着"嘉峪关"三字，只是城楼于民国前三年毁于兵乱。

随后，我们考古队从嘉峪关西行，经玉门、安西到敦煌。在安西遇到了一场大风，刮得昏天暗日。当地形容风大有"每年只刮一次风——由大年初一到大年三十"之说。我们沿路随走随调查，8月11日才到达被世人称之为艺术殿堂的敦煌。

敦煌是通往拉萨、蒙古和南西伯利亚的道路的枢纽，位于元代客卿马可·波罗称谓的"丝绸之路"上。五代西凉国初建在此。现在敦煌市内各街巷，都以县为名，如河西县、狄道县等等，这是因为战乱敦煌被毁之后，居民逃亡各地，战后又由各县迁回，街道就以他们原先居住的县名作了街名。

南疆公路起于安西，经敦煌，沿着阿尔金山之北，一直通到南疆。由安西到敦煌有119千米，中途有四个站，每个站有个窝铺，是旅客休息的场所。所谓窝铺就是一间小房和一口苦水井。除此之外，是一眼望不到头的沙漠，连树都少见。未建公路前，这里的交通只能依赖牲力或步行。

我们到了敦煌，把南湖附近的工作完成后，于14日午后沿公路往回返，行至109号里程碑处转入文化路，往南行驶10千米就到了莫高窟，我们来这里是查看玉门系砾石（即通常所说的鹅卵石）地层。莫高窟位于敦煌东南17千米。在三危山和鸣沙山之间，有一玉门系砾石岩悬崖。石窟即开凿于悬崖之上。在自南而北长达160多米的悬崖上，皆凿有石窟，栉比相连，远远看去就像蜂巢一样。

　　据武周李氏重修的功德碑所载："石窟始建于前秦建元二年，有沙门乐傅戒行，清灵机心恬静，尝杖野行，至此山忽见金光千状有千佛，造窟一龛……"此后历经北魏、西魏、隋、唐、五代、宋、元各代增建，经过1545年的悠久历史，才造就了这个伟大灿烂的石窟文化。石窟有大有小，小者数尺，大者数十丈。当时敦煌艺术研究所已清理出石窟400多座，未清理出来仍埋于沙中的还不知有多少。

　　千佛洞口皆朝东。洞前有条河，因雨水少，河水已干。河床与悬崖之间，有条小溪蜿蜒北流。溪的两旁，经王道士种的杨树已经成林。

　　抵达莫高窟的第二天，我们就拜访了敦煌艺术研究所。小溪与河床之间有上、中、下三个寺院，中寺原名雷音禅林，清乾隆三十七年修建，现已成了敦煌艺术研究所。适逢所长常书鸿先生有事去了北京，接待我们的是常所长的夫人李承仙女士和段文杰、孙儒涧两位先生。在段、孙两位先生的指引下，我们先后参观了北魏和魏、隋、唐、宋、元等几个洞。洞很多，不论大小都有编号，并注明年代。编号有两种：一种是以前张大千先生编制的，一种是艺术研究所自己编制的。我认为各洞应以唐代之作最好。第096号洞最大，中间塑着释迦坐像，在所有塑像中它是最大的，极为庄严，可惜经后人重修，已失去了原来的色调。这是在玉门系砾石的峭壁上，先雕刻出像的雏形，外部再施以泥塑。洞口外，建有九层高楼，楼上的匾额题有"莫大乎是"四字。据重修千佛洞九层楼碑记载："佛身高十八丈，五代及元皆有营建。民国25年又重修。"

告别了千佛洞，我们乘卡车到玉门关绕了一圈，来到了敦煌城西的戈壁地带。一位老人告诉我们此地就是唐代人李华所写的《吊古战场文》所描写的古战场。看到遍地沙砾，真好像看到了昔日战场厮杀的情形。我心中默背着《吊古战场文》："浩浩乎平沙无垠，夐不见人。河水萦带，群山纠纷。黯兮惨悴，风悲日曛。蓬断草枯，凛若霜晨。鸟飞不下，兽铤亡群，亭长告余曰：'此古战场也'……"

此行考察，虽在古人类和史前方面无重大收获，但旅游了一番，增加了很多知识。一些知识书本上能学到，但没有亲身经历，是体会不深的。不亲眼看到莫高窟千佛洞，感受不到祖国的文化是多么灿烂辉煌。

寻找细石器的起源

远古人类以石击石的方法打制出的石器主要分为两大类：一种是小型的，一种是大型的。当然一些遗址中两类同时共存的现象也不少，这是人类在当时特定的生活环境下形成的。

过去就有人说过，细小的石器是在草原上生活的人类使用的，这种推论是可能的。在我国，特别是在北部，细石器很普遍，东北、华北、西北广大地区均有分布。在四川也有分布，四川省文物保管委员会主任、古人类学家秦学圣先生曾陪我到雅安一带考察过。此处石核的类型以船形、椎形（或称铅笔头形）、柱形、楔形为主。

从中国往东，在日本、韩国、东西伯利亚和北美洲也都有相同或类似的细石器发现。特别是晚期的石器，连类型和打制的方法都基本一致。例如以"船形石核""锥形石核"（或称铅笔头形石核）"楔形石核"为代表的类型群，在辽宁、吉林、黑龙江、内蒙古、宁夏、山西、陕西、甘肃、新疆等省和自治区都有所发现，往西分布到喀什。石器虽有大小之分，但类型和打制的方法是一致的。

细石器到底起源于什么地区？又是怎样随着人类活动分布到各处的呢？我的想法是，在数万年到1万年前第末次冰期的时候（据现在的研究结果，时间还要提前），下降的雨水凝结成冰雪，不能复归于海。又据冰川学家研究的结果表明，在冰期高峰时，海面可以下降100多米，使隔海地带变为通途。人类在这个时期到达各地的可能性很大。

早在20世纪30年代，德日进根据我国新疆、蒙古人民共和国和阿拉斯加均有同样类型的石器发现的情况，认为这一类型的细石器是从中国分布到北美去的。大小石器不能混为一谈，小石器在使用上不能替代大石器，同样大石器也不能替代小石器。

为了研究旧石器的传统，我自70年代中期之前就在东北、内蒙古及各地到处奔波，对细石器尤为注意。对上述这些类型的细石器的起源地，有的外国学者认为是贝加尔湖，有的学者认为是中国。自从我详细观察了北京人的石器之后，认为细石器起源于我国的华北。因为在含北京人的化石层里，特别是在上部发现过许多小石器，有的小石器小到只有两三克重。虽然早期的细小石器和晚期的细石器在打制技术和类型上完全不同，但在其细小上则是一致的。随着时代的前进，生活环境的改变，当然打制出的石器有所改变和演化，这也是历史的必然。

我在东北、华北、西北各地不止一次地调查，走得最多的是内蒙古和黑龙江。现在回忆起来，仍然勾起我许多怀念。我到过的地方很多，但去过后忘记的也很多。有很多有趣的事和一些发现，时间一久，因想不起去的准确时间及一同前往的人员，就只好弃之不写了。1997年的6月1日，是杨钟健先生诞辰一百周年纪念日，他的许多亲朋好友、同事或学生都来我们研究所参加他的纪念活动。我当年的进修生，现甘肃省文物考古研究所所长谢骏义先生也出席了。他来看望我时，提到了我们一起做长途调查的情况，又引起了我的回忆。

　　那是1974年7月下旬，我和谢骏义、卫奇两位先生，为了寻找旧石器，特别是想搞明细石器的分布，到内蒙古、雁北、宁夏、甘肃等地做了一次长途旅行。我们是这年7月30日从北京乘火车出发的。沿途的火车都脏乱不堪。我本来可以坐软卧的，但买不到票，只好作罢。软卧车厢挂得靠后，列车员也是有了乘客现开门打扫。当时吃饭成问题。车进了站，虽说站台上有卖东西的，但也都是一抢而光。

　　火车走一夜，次日便到了呼和浩特。接待我们的是内蒙古自治区博物馆。当我们参观博物馆时，看见陈列柜里有一个石针，它引起了我们的兴趣。我请博物馆的陪同人员把它拿出来仔细观察。这枚石针呈黑色，有如火柴棍大小，上方下圆，针尖锋利，石质不硬。据博物馆的同行介绍，它出自新石器时代遗址。我看了后认为是新石器时代的人作为针砭治病用的石针。

回到北京后，我和一位老医生谈了这件石针，他非常兴奋，立即叫我给他写了封介绍信，急急火火地去了呼和浩特内蒙古自治区博物馆。看后老医生非常同意我的看法，也认为此石针是做针砭用的。如果我的推断得到证实，中国早在七八千年前的新石器时代就有了石针针刺治病，石针是医学史上不可多得的宝贵证据。那位老医生临走，还要求接待他的博物馆汪宇平先生给他做个石膏模型，结果失败了，不过汪先生还是用木料为他复制了一根。他回到北京后拿复制的石针给我看，我看其大小形状都同原来的那根很近似，也是黑色的，只不过外表光亮一些。这些都是后话了。

我们到内蒙古的时候，肉还是定量供应的。汪宇平非要我们去他家吃饭不可，说是请我们吃粉条子炖猪肉，他说借我们的光，也一起解解馋。他哪弄来的肉呢？饭桌上，他露了实情，原来他向上级打了报告，说是从北京来了"贵客"，上级特批了10斤猪肉。

我们这次在内蒙古活动大约有一个月，内蒙古自治区博物馆葛静微副馆长等亲自接待了我们。首先，汪宇平先生领着我们参观呼和浩特东郊新发现的大窑遗址。这是一处石器制造场。在红色砂层里石器和石片很多，几乎满山头都有石器和石片分布。看来很早以前——距今约二三十万年，就有人类在此制造石器了。据村中的老人跟我们说，直到最近还有人在这一带开采火石出售。

这个遗址的发现也是很偶然的。汪宇平先生原是报界人士，自从调到博物馆后，对旧石器发生了浓厚兴趣，潜心钻研。有一次他得知大窑村发现了窖藏的古瓷器，就到那里为博物馆去收购。在老乡家里吃完晚饭后，他从衣兜里掏出一块石片，问老乡这里有没有这东西？老乡说，这里有的是，就在离这里不远的山坡上。结果这个遗址就这么被发现了。

这个遗址应该很好地进行保护，发掘时也应该按照不同时代的地层发掘，切不可混淆在一起。这对以后的研究非常有益。

随后，汪宇平、李荣和其他三位先生加上我们三人分乘两辆吉普车从呼和浩特出发，到四子王旗、二连、集宁等地考察。在包头我们看到了两个旧石器地点。两个地点都位于两个小山包上，相距不远。这两个地点出土的虽然都是细石器，但仍属于数万年前的旧石器地点。

从包头北行到了百灵庙。参观了百灵庙后，在招待所小住了一夜，往西前往白云鄂博，沿途考察石器地点，在白云鄂博之北我们发现了一处细石器地点。从白云鄂博往东行又到了苏尼特右旗，沿途都有发现。在脑木根这个地方还发现了相当古老的哺乳动物牙齿化石。

从脑木根去二连，我们的汽车沿着中蒙边界上行走。中蒙边界线当时有一条10米宽的界线，年头久了，已辨别不清。中途遇不到人家，司机不时地停下车来观察方向，惟恐超越了国界，跑错了方向。我们大家也提心吊胆，到了二连后才放下心来。

这次旅行考察，可以说出了包头不久，便进了戈壁地带。所谓戈壁，就是到处都是苹果大小的砾石加粗砂，一眼望不到边。地面缺水，植物稀少，当然也很少见到人烟。我们在出行前准备了好几天，最主要的是要带好修理工具和充足的饮水，为了相互照应，还必须有两辆吉普车同行。途中偶尔能遇到帐篷，它们都支在有一点荒疏的草水的地方。遇见这样的帐篷，只要你在外面问一声好，就可以走进去，盘腿在地毯或毡子上一坐，会受到主人的很好招待。奶茶是少不了的，帐篷里总烧着水。女主人马上会擦一擦碗，抓上一把炒过的糜子粒，倒上煮好的砖茶，放在客人的面前。几碗入肚，茶中的糜子粒也吃光了。我喝他们的奶茶不喜欢放盐，也不用筷子，喝到最后，碗中的剩米粒用舌头舔几下就吃得干干净净。

二连在中蒙边界上，虽然城市不大，但相当有名。从北京直达莫斯科的火车，在这里要进行边境检查，火车也要换成宽轨的苏联列车。城里只有一条不长的街道，东西走向。中间靠北侧有一条不长的街，街的北头就是中蒙边防站。

在二连宾馆居住，我们和当地驻军建立了联系。记得有一天他们邀我们一起外出猎黄羊。大家乘的都是吉普车，他们在前，我们这些人因不会放枪便殿后。他们在前边打，我们在后边捡，拾到打死的黄羊就扔到车上。我们的司机看到有的车猛追逃跑的黄羊，直到把黄羊追得累死才算了，也兴致大发，跟着追了起来。虽然累死了几只黄羊，但我们也漏拾了很多只被打死的黄羊。

在这里野生的黄羊很多，一群一群的，有的一群达几百只，甚至上千只。它们常和家羊争夺有限的草地，所以群众很希望消灭它们。

这些黄羊与山羊很相似，但腿长得多。我在放牧的羊群里，有时看到掺杂的黄羊。看来这种野黄羊也并非不能驯养。只是当地人不喜欢吃黄羊而喜欢吃家羊，黄羊被作为狩猎对象罢了。

就在这一天我们吃了一次烧整羊。主人请我们就坐后，四个人把一只烧烤好的整羊放在一个大木盘里，抬上桌来，羊头向前伸着，四条腿窝在身下。我们每人面前放了一把刀。烧羊味很香，但没人动手。后来有人在我耳边说了几句，我才明白。我是主客，按当地风俗，我必须先在羊身上拉一刀，大家才能动手。

我拿起刀子在羊身上划了一刀后，大家七手八脚地动起手来。只见主人拉下一大块尾巴油给我吃，这实在难为了我了。后来同行者说情，我才吃了一小条。这时大家开怀畅饮，大口吃肉。我虽然还能喝上二两酒，但遇见这种场面，只好说自己有心脏病，不能饮酒。否则只要一小杯下肚，就会叫你换大杯，直到醉倒为止，不醉不够朋友。他们对客人真是十分热情，但也叫我们有点发憷。

我们并没有忘记这次旅行的目的，在二连也探查了一些石器和哺乳动物化石地点。

完成了对二连的考察，我们又南下经苏尼特右旗到达集宁市。在集宁我们停留的日子较多，因为在集宁的南郊以前就有人发现过一处细石器地点，我们也曾到那里进行过发掘。这次还想在附近查看一番。我们在集宁市发现这里的领导和群众对古代遗迹非常感兴趣。他们认为古代人类曾在他们这里居住过是很荣幸的事。他们要求我们在集宁市的剧院礼堂给大家讲了一次课，参加的人数还很多。

在集宁考察，我们不但要走很多路，还要随时查看地面，所以要低着头走路。有时回到住所感到很劳累。有一天，跑了很多路，回到住所后已经很疲劳，但我还想到一家点心铺里去看看有什么当地的风味糕点。陪同我们一起调查的一位集宁市工作人员对我说："我们这里做的点心比砖头还硬，牙齿好的恐怕也咬不动。"我说："你们给他们调换一下工作不就成了吗？""怎么换？""把做点心的让他去烧砖，把烧砖的调来做点心不就成了吗？"大家听后都大笑起来，也不觉得累了。

我们这些在野外工作的人，常常说笑话，这样对解除疲劳很起作用。30年代时，我们的笑话很多，有心的人真可搜集起来写一本《笑话小集》。有关卞美年先生的笑料就不少，可惜年代久远遗忘了很多。我记得有人写过一首打油诗："好女不嫁地质郎，一年半载守空房，外出打扮像公子，回来虱子爬满床。"这也从侧面描写出了我们地质工作者的生活。

9月1日，我们返回呼和浩特市。在集宁市时，卫奇先生就告诉我，大同市以东的阳高县许家窑和与之交界的河北省阳原县的侯家窑村，有的农民在那一带挖"龙骨"，由于砸死了人而被禁止了。地层里发现了很多石器。我认为这个消息很重要，决定立即到那一带走一趟，做个调查。

我们到达呼和浩特后，没过多地停留，即到大同市，在雁北地区文物工作站负责人、考古学家张畅耕先生的陪同下，前往雁北地区考察。考察进行了十多天，除在左云县境内考察石器地点外，也顺便参观了大同市的云冈石窟、大同九龙壁、上下华严寺等古迹。接着又考察了山阴县的鹅毛口新石器时代石器制造场，看到了石锄等农具。这些石器证明了当时已有农业出现。

在朔县我们考察了28000年前的石器地点。这一地点的石器类型很多，已与后来的细石器有所接近。我们还前往应县参观了久负盛名的应县木塔。最后到了我们非常想看的位于山西省阳高县古城乡许家窑村。我们在村东南约1千米的一处断崖上，看到遍地是哺乳动物化石碎块，地面上的石器也很多。我当时就断定这是一处非常值得发掘的地方。

在这个地点，1976年春、1977年秋和1979年进行过三次发掘，发现了大量的细小石器和人骨化石及哺乳动物化石。石器制品非常精致，我们还以为是数万年前的人类制造的。后来发现了人类化石，因其具有许多原始性质，所以时代提到了十万年前。这个地点定为"许家窑遗址"。

考察时卫奇发现，当地的妇女的门齿外面多有圆形的凹坑，他认为是饮水中含氟量太高所致。在这里发现的头骨骨片化石，我也观察到它们与正常人的头骨不同，有异断面的内外骨板相夹的骨质呈棕孔状，并非像正常人呈海绵状。这与陕西公王岭发现的蓝田猿人头骨的断面十分相似。此种现象是因饮水含氟量高所致还是一种病态，我没搞清楚，因为我不是病理学家。如果有人去研究它的病因，在病史上也是很不得了的事情。所以我认为研究古人类学，必须进行综合研究才能得到突出的效果，就是由于它包括的面很广。

1974年9月中旬，我和谢骏义、卫奇两位先生从大同乘火车到达了宁夏回族自治区的银川市。接待我们的是自治区文化厅文物处处长、博物馆的钟侃先生。在宁夏我们首先考察了贺兰县两处细石器地点和一处新石器地点。值得一提的是我们参观考察了仰慕已久的水洞沟旧石器时代遗址。

水洞沟遗址是1923年法国天主教耶稣会神父桑志华（Emile Licent，1876—1952）和德日进发现的。德日进1923年第二次来华，当年即和桑志华从北京乘火车到达包头，然后步行加骑驴到银川。从银川往东南，他们渡过黄河，在离黄河东岸不远处发现了水洞沟的遗址。在这个遗址的黄红色的土层里，他们发现了不少石器。再之后他们东行，在内蒙古自治区萨拉乌苏河附近又发现了萨拉乌苏遗址。水洞沟遗址的石器是大型的，萨拉乌苏遗址的石器是小型的，有的细小石器其重量不足一克。

水洞沟遗址在灵武县境内，我们在那里活动了两天又返回银川。当时，银川考古部门正在发掘西夏王朝帝王陵，我们前往参观。只是寝陵既大又深，我没下去参观里面的陪葬物品。

我记得袁复礼先生曾经送给我们研究所一批用红色燧石打制的细石器。那是他参加西北科学考察团时发现的，石器上注的出产地叫"银更"。裴文中和我曾到清华大学问过袁复礼先生"银更"在何地方，但他说记不清了，印象中是沙漠地。我们在这次考察中，边走边打听"银更"的地方。据当地人说，叫"银更"的地方很多，"银更"是蒙语，为石磨的意思。在银川时，我们听说附近确实有个地方叫"银更"，不过乘汽车需要三天的时间才能回来，我们只好放弃了此行。

9月下旬，我们三人从银川乘火车到达了兰州，下榻在兰州饭店。在省博物馆馆长吴怡如先生的陪同下，我们在甘肃省境内考察了20多天。

国庆节前，我们从兰州乘汽车去了武威地区，先到民勤县红崖山水库附近，考察新发现的象化石地点，而后到永昌县的河西堡，考察鸳鸯池五六千年前的属于马厂文化（青海省明和县马厂塬遗址，曾出土了大量四五千年以前的彩陶，属新石器时代晚后期）的墓地。

我还记得，在解放前夕的1948年，我曾随裴文中先生和刘宪亭先生等前往民勤境内进行过考古调查。那时当地的百姓缺吃少穿，生活非常贫苦，我们考察有时坐的是马拉的大轱辘车，车轱辘很大但不圆，在沙漠地里走起来咕咚咕咚的。现在再次到那里，情况完全不同了，一色的柏油路面，路的两侧是高大的杨树，水库中的水非常清亮，微波荡起，泛起片片粼光，真是远非昔日可比。

我们这次到鸳鸯池考察，是因为这里发现了镶嵌在骨柄上的小石片。这一消息是在这次长途旅行前，甘肃省文物局局长王毅先生到北京来告诉我的，这引起了我极大的兴趣。我立即请王毅先生往当地发电报："务必使这个发现物保持原样，连小石片也不要卸下来。"这次到了甘肃，当然不能放过目睹的机会。

1997年6月初，谢骏义来我家时，我们又谈到了鸳鸯池的这个发现物。他说是石刀，我记忆中是把镶嵌石片的短剑。因为从形状上看它和剑十分相似，骨制的剑身一端很尖利，中间还有直竖隆脊，在尖端和两侧有挖制的沟槽，沟槽中镶有连接的薄而直的细石叶。这种细石叶在细石器遗址里常能见到，但大多未引起人们重视。最受重视的是各种类型的石核。其实使用的倒是由石核打击下来的小石片（或称之小石叶）。

小石叶从石核上打击下来时，石片有向内面弯曲的弧面。当把小石片的两端掰去，剩下中间的一段，看上去就很直。两端很平的细石叶，再把它彼此衔接起来就是很好的很直的刃，而且可以随意衔接长短。如果我的记忆无误，我认为，在目前来说，它是世界上最早的剑。后来的铜剑无疑是由它演化而来的。

工作告一段落，我们返回兰州。国庆过后，我们又由兰州经平凉去了陇东。去陇东的目的是到庆阳城北三里铺访问当地的老农民和天主教老修女，想从当年给桑志华挖掘化石的老人那里，了解一下当时挖掘的情况和地点；从当时在桑志华神父管辖下的修女那里，了解当时桑志华工作的情况。因为年代久了，如果不加记载，就会丢失这一段历史。桑志华于1920年在这一带发现了许多哺乳动物化石和石器，石器距今已有数万年的历史。石器地点有两处，均在黄土中、底部，这在中国是首次发现。现在他采集的化石绝大部分还保存在天津北疆博物馆，即现在的天津自然博物馆里。

最后我们在王毅先生的陪同下，南下到天水的麦积山。我们调查了天水地区的化石地点，并作了此次旅行的工作总结。10月内我们完成了一切工作，我和卫奇先生由兰州登上了返回北京的列车。

我以66岁之身参加这次长途旅行考察，我因为能为本门科学奋斗不息而感到满意。前人曾教导我，搞好这门科学要"三勤"，即"口勤、手勤、脚勤"。前人的教导虽然只有六个字，我却深刻地感受到它对我的成长和成才带来了莫大的教益。研究古人类学、旧石器考古学及古生物学和搞地质学一样，如果不亲自去跑、去看、去找，只仰仗向别人要点材料做研究，是永远也不会成功的。

从死神身边逃脱

在我的一生中，我曾几次被死神攥在手里，又几次逃脱。

1975年7至8月间，我和人类学家张振标先生由魏正一、于凤阁等先生陪同，到黑龙江考察。我们先乘火车从哈尔滨到牡丹江，之后改乘吉普车南行，准备前往镜泊湖东岸一带。我与张振标先生坐的一辆车，走在前边。在离宁安县城不远的地方，忽然吉普车机器盖冒了烟，司机当即停车打开前盖。只见一下喷出很高的火苗。他一边大声喊叫："你们快跑，跑得越远越好"，一边脱下衣服抽打。我们并没跑，我叫张振标先生到公路旁的水沟里抠出连水带草的泥，递给我。我往火苗上拽。火被扑灭了，可吓出了我们每人一身大汗。过后回想这事，我觉得司机用衣服拍打还真不如我们用泥拽好。

等后边的那辆车到了，我们坐上赶到镜泊湖招待所已是下午了。这个招待所是为苏联专家建立的，并不对外。我住的那间房，我们科学院的老院长郭沫若曾经住过。房间里还摆放着纸笔墨砚，显得非常文雅。只可惜住了一夜，又出发了。

沿着镜泊湖东岸南行，在离吉林不远的地方我们考察了一个石器地点。这个地点出土的石器是用黑曜石打击成的。这在我国还从未见到过，黑龙江省博物馆已派人在那里发掘和研究。这和我所要找的细石器完全不同，应属于另一个文化传统。适值吉林省博物馆的姜鹏先生前来接我们，我们又去了长春。参观了吉林省博物馆后，我动身返京。张振标先生在长春尚有其他工作，稍后才走。

第二年，即1976年7月份，我们研究所组队与黑龙江省博物馆的研究人员一起，又赴黑龙江省的最北端十八站进行发掘。7月底当地驻军对我们说，唐山发生了大地震，唐山、丰南地区损失很大，死伤人数很多，地震波及了天津市和北京市。大家一听，都很担心家里及研究所的情况，很是不安。幸而很快收到了所里发来的电报："所里和家里情况都很好，不必挂念。"大家心里才踏实一些。

工作结束，我从哈尔滨乘三叉戟飞机飞回北京。飞机很大，坐着很舒服。这和1937年我由昆明到西安、1948年从北京飞往兰州所乘的飞机真有天渊之别。这也只是感觉，我无心浏览这架飞机的一切，心里恨不得快点到北京。地震后的北京、所里、家里不知是什么样。

从机场到回家的路上，沿途一切都变了样，大街上到处都是搭的地震棚，就连市政工程用的大水泥管也成了临时住所。

到了家一看，院子里也是一个挨一个的地震棚。有的地震棚上遮着油毡，有的是塑料布，有的是床单，还有的糊了些报纸、牛皮纸之类的，五花八门，什么样的都有。我所住的楼也受到了损坏。在楼下的不远处，搭了一间小棚。我住在里边真像过着原始的生活。

没有多久，国家文物局局长王冶秋先生找到我，说："请你再前往内蒙古御驾亲征一次如何？他们在呼和浩特市东郊发现的材料还须去帮助发掘和研究，即使到了那里提一提意见也好。"我与老伴和长子贾彧彰商量，他们都认为我到内蒙古待些日子比在地震棚里要好，所以我就答应了。由于这次再到内蒙古是王冶秋局长请的，所以受到了很好的接待。

到了呼市，第三天我们就到市东郊的大窑村详细查看。我们在这个地点所处的小山周围粗查了一遍，直到下午日将落山，才往呼市返，我乘的还是吉普车，按照我的习惯，我坐在前排司机的旁边。我看到车子开得很快，就嘱咐："开慢一点。"司机只是"哦哦"地答应，也没慢下来。突然车子失控，窜出公路，向路旁成排的树空间冲过去。还没等我喊出声来，车子已向前折了个360度的大跟头。含在口中的烟斗和我的眼镜一下子飞了出去，当时我就晕了过去。

大家把我送进了一家医院里，直到第二天我才清醒过来。这里的医院有医无药。内蒙古博物馆的一位女馆长从朋友处好不容易找来点什么霉素，放在窗台上，转眼工夫就丢了。最后上报了这件事，才从军队的药库里，得到了急需的药品。

我醒过来，守护在旁边的人，才放了心。据他们说，我们同行的几辆车，都被我乘的那辆吉普车远远地甩在了后面。最先看见我那辆车出事的，是一位正在骑自行车的青年妇女。她扔下车跑了过来，见吉普车顶已塌，我坐的那边的车门已掉了下来，我的上半身落在地上。她正想把我扶起来，后面的车到了，大家七手八脚地才把我送到了医院。

见我醒来，民警也来了解情况，问我是否车开得太快。我说："不快，是路滑造成的，因为出事前刚下过雨。"幸而司机很机智，擦着树的间隙而过，否则非车毁人亡不可。民警虽对我的话半信半疑，但由于我口气肯定，一口咬定是路面造成的事故，他也只好把证件退还给司机。司机一家人都指望着他挣钱生活，我岂能不为他说点好话呢？

回到北京后，司机一家人还专程来北京看望我，感谢我的"救命之恩"。我对他说，要说有"救命之恩"的是你不是我，你要是开车撞到树上，咱俩不就都玩完了吗？

我遇险后，王冶秋先生和我们研究所商量，先对我家里保密，看看我的伤情再说。没多久，我的伤势渐渐好了起来，胸骨骨折也长好了，还可以下床走动几步。这时北京大学考古专业（即现在的考古系）吕遵谔教授前来看望。他详细问了我的伤情，我说，其他恢复得很好，只是胸部还有阵阵疼痛。最后他叫我亲自给我老伴写封信，谈谈我的情况，免得家里悬念，我照办了。吕先生回到北京后到我家，把信拿出来给她看。老伴问："既然伤都好了，怎么不回来？""让他多养几天，养得比以前还健壮再回来不更好吗？"

我在内蒙古的医院住到了初冬，医院还没烧暖气，几位司机拿来了一个大电炉子给我取暖。又过了不久，我们研究所的刘静波先生来到呼和浩特，接我出院。几天后我俩乘飞机回到了北京。

我们的研究所在北京德胜门外祁家豁子，我住的宿舍也在大院之内。由于地震的破坏，宿舍成了"危楼"。所里照顾我，把图书馆的一间房腾了出来，让我们夫妇居住。后来，我的次子把我们接到他家里住了一段时期，我的身体才渐渐恢复正常。

这次翻车几乎丧了命。直到现在朋友还拿我开玩笑，说我是最出色的特技演员。场面惊险有三：第一，车子失控后，窜到路旁树的空隙之间，没撞到树上；第二，车子向前折了360度的跟头，车棚瘪了，车门掉了，挡风玻璃碎了，我的下身还在车里，上半身横在车外，嘴里叼着的烟斗和戴着的眼镜飞出很远，我的头没碰伤，满脸满身的玻璃碴子也没把脸和身上划伤；第三，车棚上的横梁断了，我戴着的一顶蓝布帽子挂在了上面，只差1.2毫米，我的头就会被断梁穿个窟窿。大家都庆幸我能活下来，说我是大难不死必有后福。其实后福有没有说不清，但大难不死是有的，而且不止车祸这一次。

最危险的是1988年，我得了一场大病，说句文雅的话，差一点"与世长辞"。

那年，正值我80岁。一天清晨，我上厕所，发现大便发黑，老伴看了认为是便血，劝我到医院去检查检查。当时我们研究所已经迁到了西直门外大街142号——北京动物园附近。我的家也搬到了院内宿舍。我到了人民医院，大夫为了确诊，叫我住院检查。肠镜的结果是结肠癌。但是医德高尚的外科荣大夫对我说是横结肠上长了一个腺瘤，劝我还是动手术切掉好，不然会越长越大。所里的领导及我的家人都知道病情，只瞒着我，怕我思想上有负担。我还是几年之后，偶然翻看了当时的病历，才知道了真相。

术前我做了各方面的检查，特别是血。医生说按照我的年龄，这不像是我的，而更像年轻人的。如果手术时间不长，最好不给我输血。

手术那天，我的家人都来了，他们目送着我被推进手术室。大夫按着肠镜的检查结果先在我的右胸下横着开了一刀，取出横结肠，但怎么也找不到肿瘤。再找还是没有。这时时间拖了很长，聪明的大夫突然想到是不是检查的结果左右错了位。他立刻把刀口缝合，又在肚脐左上侧竖着开了一刀，才找到病点。结果切除了大约25厘米一段结肠，把小肠和大肠连在了一起。手术原来只需要一个半小时，这回用了六个多小时才完成。麻醉师看我手术时间太长，失血过多，还是给我输了800毫升的血。这次输血可给我带来了灾难。

出院之后，头几天自己感觉良好，不久就感到四肢无力，瘫软得连衣服都不能自己穿。接着眼睛和脸色变得蜡黄。我患上了肝炎。这是输血造成的，我输进了带肝炎病毒的血。当时，各单位都组织献血，有的人体检很正常，但让一些以卖血为生的人代替献血，所以从血库拿来的血，也有"伪劣假冒"的。

经人介绍，我住进了中日友好医院。那里有传染病房，但病人太多，没有单人病房，我只好和一位年轻的外地患者同室。虽然病魔缠身，腿浮肿得厉害，浑身无力，但我的心情很开朗。大夫叫打针就打针，叫吃药就吃药，积极配合大夫治疗，我成了这个传染病科的最佳病人。大夫经常以我为例，劝说一些思想有包袱的病人。

与我同室的那位病友，不听大夫叫他少吃东西的劝告，叫妻子到街上买了两碗饺子，偷着吃下。吃后他就感到不舒服。大夫知道后很恼火，马上对他救治。为了抢救方便，大夫把我换到了另一间病房。当天夜里他就死了，是死于胃出血。人的"生"与"死"就像一层窗户纸，一捅就破，死是多么容易啊。

我的水肿越来越厉害，从脚一直肿到了肚脐眼。虽然每天用药物排尿，但仍时好时坏。大夫给我用红小豆和鲫鱼煮汤，要我天天喝，但我一点胃口都没有。说实在的，喝这汤比喝药难咽。

为了增加营养和抵抗力，大夫建议我打"胎盘白蛋白"。这种东西，医院里美国、日本、中国香港产的都有，但怕有艾滋病毒，不敢用，大夫叫我最好自己想办法，找国内产品。当时国内产的胎盘白蛋白很难搞到，只有献血者才能买到一瓶。我们想尽各种办法，到处托人，连九三学社中央都帮忙，最后总算买到了33瓶。我每天注射一瓶，不想病还真有好转。

给我看病的主治大夫是位年长的老大夫，他在其他医院也有兼职。他认为我已是80岁的老人，要保守治疗。可是另外两个年轻大夫，认为我虽然年纪大，但体质好，又没什么其他病症，准备为我来一下"恶"治。

他们叫我服大量排尿的药，每天认真记录，接着打白蛋白和补钾。几天下来，弄得我一丝力气都没了。可喜的是，我的水肿渐渐消退了。老大夫听说后，也很高兴，对我说："每天这样大量排尿，身体能支持下来真是不容易。打白蛋白等于借钱吃饭，你还得自力更生来养活自己。"一句话说白了，就是叫我自己吃东西。从此我就尽量吃，不爱吃的也要吃。饭量增多后，就逐渐减少白蛋白的用量。我的身体渐渐恢复，不久各项指标均达到了正常人的水准。经大夫同意，我被转到了康复病房。

康复病房窗明室亮，有卫生间，有电视，有冰箱，有电话，比一般病房舒适多了。大年三十，在北京的妻儿老小，还自己动手包饺子，在康复部的伙房里，吃了一顿团圆饭。

80岁的生日，我是在中日友好医院度过的。亲朋好友，在医院的病友和大夫，都来为我祝寿，有的送花，有的送字，历史博物馆还专门给我送来了特意为我制作的老寿星。他们把我当成小孩子，我对此感到十分高兴和幸福。

春节过后，我已经能独立生活了，吃饭、上厕所已不用人照顾。孩子仍日夜陪伴着我。我以为用不了多久就可以回家了，却又遇上了倒霉的事。

一天早晨，医院雇用的卫生员打扫完房间后，打开窗户，准备擦玻璃。一阵凉风袭来，吹得我打了个冷颤。下午我就发高烧，我又得了肺炎。每天打吊针，就是高烧不退。医生通知了单位和家属："看样子他出不去医院了，要做最坏的打算。"死亡之神又围着我转来转去。"人之将死，其言也善"。在我清醒的时候，我就想，自己一生是否做过坏事，是否有对不起别人的地方呢？虽然我娶过两个妻子，但她们俩都彼此谅解了。我孝敬父母，善待儿女子孙，只是因工作关系对他们照顾不够，没利用自己的职位为他们安排好工作，这是我能量有限。再说，不依靠别人，对他们以后的生活也有好处，他们也会谅解的。想来想去，我不欠人情债，心情反而踏实多了。唯有在工作上我还没有对自己提出的三大课题即人类起源的地点、人类起源的时间、人类在演化过程中先进与落后同时并存的"重叠现象"有所突破，因而有些着急，但天命难违。

还有一句古话，就是"人生七十古来稀"。我已活到80岁了，赚头还不小，我的老师或前辈们也大多没我活得长。裴文中活到78岁，魏敦瑞活到75岁，德日进74岁，杨钟健先生也只活到82岁；我的父亲活到73岁，我的母亲活到84岁，我还有什么不可撒手人寰的呢？俗话说"不做亏心事，不怕鬼叫门"，我虽不信鬼神，但觉得这句话有一定的哲理。

大夫看什么药对我也不起作用，就决定给我注射"先锋5号"，如果"先锋5号"作用不大，就只剩下"先锋6号"了，再也没有别的办法。不想我的烧渐渐退了，精神也慢慢好了起来，死神再一次被我从身边赶走。

1989年4月底，我出院了。出院之前，大夫、护士长及护士们为我祝贺，问我："怎么会好的？"我说："是你们给我治好的，怎么问我呢？"大夫说："这不单凭我们的治疗，最重要的是你对疾病不畏惧，有战胜疾病的信心，能很好地配合我们。"不怕死的心，我是有的。但什么信心，当时我还真没力气想这些。

　　出院后，我一心在家疗养，在小书房里看寄来的信和书。大约过了一个多月，我的元气恢复了，我又开始趴到桌上写东西——总是这样，每次遇险和大病之后，我都能有时间安下心来总结一下过去的调查和研究，安安静静地写点东西。对我来说，这算是大难不死的"后福"吧。当然一些国内、国际的学术会议，在我身体许可的情况下，我是尽量参加的。听听同行们的新观点，互相交流一下意见和建议，可以使自己增加很多新的知识。

图书在版编目(CIP)数据

爷爷的爷爷从哪里来 / 贾兰坡著. —成都：天地
出版社，2018.10（2024.2重印）

（中国儿童文学大赏）

ISBN 978-7-5455-3877-9

Ⅰ.①爷… Ⅱ.①贾… Ⅲ.①人类起源—青少年读物
Ⅳ.①Q981.1-49

中国版本图书馆CIP数据核字（2018）第099391号

中国儿童文学大赏 | 美绘典藏版 |

爷爷的爷爷从哪里来
YEYE DE YEYE CONG NALI LAI

出品人	杨 政	
原 著	贾兰坡	
责任编辑	李 蕊 夏 杰	
责任印制	刘 元	

出版发行	天地出版社
	（成都市锦江区三色路238号　邮政编码：610023）
	（北京市方庄芳群园3区3号　邮政编码：100078）
网　址	http://www.tiandiph.com
电子邮箱	tianditg@163.com
经　销	新华文轩出版传媒股份有限公司

印　刷	水印书香（唐山）印刷有限公司
版　次	2018年10月第1版
印　次	2024年2月第17次印刷
开　本	710mm×1000mm　1/16
印　张	10
字　数	99千
定　价	19.80元
书　号	ISBN 978-7-5455-3877-9